文冠果栽培与利用

路洪贵 李守科 赵春磊 主编

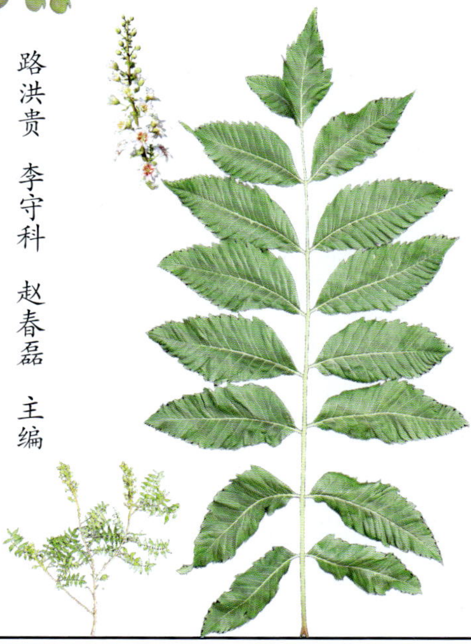

山东科学技术出版社
·济南·

图书在版编目（CIP）数据

文冠果栽培与利用 / 路洪贵，李守科，赵春磊主编. 济南 : 山东科学技术出版社，2024. 11. -- ISBN 978-7-5723-2171-9

Ⅰ. S565.9

中国国家版本馆 CIP 数据核字第 202497RK16 号

文冠果栽培与利用

WENGUANGUO ZAIPEI YU LIYONG

责任编辑：于 军 周 沫

装帧设计：孙小杰

主管单位：山东出版传媒股份有限公司

出 版 者：山东科学技术出版社

地址：济南市市中区舜耕路 517 号

邮编：250003 电话：（0531）82098088

网址：www.lkj.com.cn

电子邮件：sdkj@sdcbcm.com

发 行 者：山东科学技术出版社

地址：济南市市中区舜耕路 517 号

邮编：250003 电话：（0531）82098067

印 刷 者：山东联志智能印刷有限公司

地址：山东省济南市历城区郭店街道相公庄村文化产业园 2 号厂房

邮编：250100 电话：（0531）88812798

规格： 16 开（170 mm × 240 mm）

印张： 16.25 **字数：** 230 千

版次： 2024 年 11 月第 1 版 **印次：** 2024 年 11 月第 1 次印刷

定价： 160.00 元

编委会

前言

PREFACE

文冠果（*Xanthoceras sorbifolium* Bunge），无患子科、文冠果属，是中国特有的木本油料树种。文冠果主要分布在中国的西北、东北、华北地区，华东地区也有分布。文冠果广泛分布于海拔 50 ~ 3 000 m，甚至更高的区域。

在荒山、戈壁、沙漠等贫瘠的土地上发展木本油料产业，正是把绿水青山转化为金山银山的生动体现和具体实践。

首先，发展木本油料产业可以有效缓解食用油供应问题。木本油料是森林对人类的馈赠，是人类食物来源的重要组成。大力发展木本油料，能有效缓解我国的粮油进口压力，对于确保国家粮油安全具有重要的战略意义。

其次，发展木本油料产业可以助力乡村振兴。文冠果素有“北方油茶”之称，具有重要的生态、经济和文化价值，是产业带动乡村振兴的有力支撑。

再次，发展木本油料产业符合林业绿色低碳高质量发展的要求。新时代，新技术、新理念在林业产业中得到广泛应用，推动林业产业不断涌现出新产品、新业态，对于人类健康和经济社会的发展具有重要的推动作用。

文冠果有着多种重要价值，如广泛而极其稳定的适应性、种内生物多样性及其资源弥足珍贵性、永续发展的长期性、创造财富的资源丰富性、战略资源的优势性。大力发展文冠果产业，既可以为民众提供财富，促进共同富裕，又可以为社会创建“三生”（生产、生活、生态），还可以为国家种出“三效”（社会、经济、生态）。

在我国，文冠果不仅有着悠久的栽培历史，而且各地都有广泛的种植经验，是我国林业生态建设和经济林产业的重要乡土树种资源。

天然的文冠果大多生于丘陵斜坡等处，显现出耐干旱、耐贫瘠、抗风沙的特性，在山地、黄土丘陵、石灰性冲积土壤、固定或半固定的沙区均能生长，具有抗逆性强的优良性状。由于这一特性，文冠果已成为“三北”地区植树造林的首选树种，在我国各地防风固沙、小流域治理和荒漠化治理等生态建设方面发挥着突出作用。

文冠果树同时也是公园、庭院的观赏树种，且具有药用、工业等多种开发应用价值，具有多种功能和效益兼备的优势。

文冠果种仁含油率高，可达 66.7%。文冠果油是中国特有的健康木本食用油，更是天然保健品和美容用品的原料。文冠果油分中不饱和脂肪酸含量可达 91.9%，其中亚油酸 45.4%，神经酸 2% ~ 5%；文冠果油的酸值为 0.368 ~ 1.26，属极高品质食用油，堪称不饱和油之王。

加快推进文冠果树的栽培与利用，既可以充分扩展丰富我国食用油料的来源，又能更好地保持水土，美化环境，还能通过产业发展带动乡村振兴。

为了帮助农技人员、广大林业从业者充分认识并积极有效参与文冠果产业的发展，以及提供必要的栽培、管理、加工技术，山东省林业保护和发展服务中心组织编写了《文冠果栽培与利用》一书。希望通过本书的出版，为文冠果产业提供技术支持，为文冠果相关科学研究、产业发展和产品创新贡献力量。

由于有关资料不足，学术水平和个人视角等限制，书稿中难免有不足之处，敬请读者提出宝贵意见。

编 者

目录

CONTENTS

第1章　文冠果基本知识

第1节　文冠果的历史文化

文冠果作为我国北方特有的木本植物，有着悠久的栽培历史。先民很早就开始了文冠果的利用，远在1200年前的唐代就予以“文官果”之名并赋予其吉祥的寓意，清代文冠果油、茶的生产利用已见诸书籍。先民在文冠果的形态、分布、习性、栽培技术、生产应用等方面积累了丰富经验，至今仍对我国的文冠果栽培技术有借鉴和指导意义。同时，文冠果丰富的文化寓意也得到广泛的发扬和传承，无数文人墨客留下了脍炙人口的佳作名篇。让我们一起走进历史文化长河，感知与中华文明并肩共生的文冠果“东方神树”故事（图1-1、图1-2）。

图1-1　文冠果古树（陕西清涧）

图 1-2　文冠果古树（山西代县）

一、春秋：木瓜渊源

《诗经》收录了西周初年至春秋中叶（公元前 11 世纪至公元前 6 世纪）的诗歌，反映了周初至周晚期 500 年间的社会面貌。作为中国诗歌的开端，《诗经》内容丰富，源远流长。其中，咏叹男女互赠定情信物的代表作，乃是《木瓜》："投我以木瓜，报之以琼琚！匪报也，永以为好也！"

今天我们作为中药用的光皮木瓜或者吃的水果木瓜，个头硕大，起码一斤[①]多重。这般投过去，一不小心，定会伤及佳人！那么，《诗经》里面记载的"木瓜"是什么样子的呢？在《木瓜》开始流传的年代，如今天的山西、陕西等地有一种崖木瓜（见《救荒本草》），个头小巧，松鼠就可以搬动。这样的崖木瓜才可能是可以投掷的信物。《诗经》反映的地域主要集中在今陕西西安以北，是描述记录黄河两岸风土人情与动植物等

---

① 斤是市制重量单位，1 斤 = 500 g。

的百科全书。作为信物来投掷的木瓜，大概率是常见于黄河两岸黄土高坡沟壑边的崖木瓜。据考证，当初的镐京（今西安市长安区西北）和洛邑（今河南洛阳）都是崖木瓜的原产地。这基本就可以解释《木瓜》所指为崖木瓜了：小松鼠就可以搬来搬去的崖木瓜轻巧可爱，乳熟期时可以投来投去，为男女嬉戏、增进感情之佳果，待游戏结束，剥开食用种仁，味道鲜美。完全成熟了的文冠果，扔到火里烧一烧，种仁香脆可食，更是佳品。崖木瓜就是现代的文冠果。远在《诗经》的时代，普遍使用青铜器的中国人是否已经认识到文冠果的药用价值已不可考，但文冠果色彩青翠、小巧玲珑、甘甜脆美，当年将它作为定情信物，实属聪明之举。

二、唐代：文冠果命名与冠冕制度

明万历年间，京官蒋一葵在《长安客话》（图 1-3）中记载："文官果肉旋如螺，实初成甘香，久则微苦。昔唐德宗幸奉天，民献是果，遂官其人，故名。"从书中，我们得知文冠果（"文官果"）是唐德宗李适命名的。李适（公元 779—805 年在位）是唐代第 9 位皇帝。建中四年（公元 783 年）"泾原兵变"，叛军攻占长安。李适出逃奉天（今陕西乾县），叛军围城。这个时候，社会动荡、兵荒马乱，物资匮乏，民众把从山野

图 1-3 《长安客话》书影

中摘取的崖木瓜贡献出来。皇帝剥仁取食，味甚清美，于是允诺给予献果者以官职，封其为“文官”，崖木瓜也因此得名“文官果”，后来逐渐演化为现代的“文冠果”。

图 1-4 将要成熟的文冠果果实

另外，王溥等编撰的《唐会要》卷三十一载：“贞观四年八月十四日，诏曰：冠冕制度，已备令文。寻常服饰，未为差等。于是三品已上服紫，四品五品已上服绯，六品七品以绿……”常见文冠果花（图 1-5 至图 1-7）开的颜色依次为白、绿、绯、紫，与官袍级别颜色变化基本一致，颜色越深代表着官职也越高。这样的冠冕制度服饰的颜色一直沿袭到宋代。

图 1-5 文冠花（1）

图 1-6 文冠花（2）

图 1-7 文冠花（3）

三、宋代：文冠花是文人、士大夫歌咏的吉祥花

（一）慕容彦逢（公元 1067—1117 年）

慕容彦逢，宋代诗文家，官至刑部尚书，曾有记载贡院文冠花的诗。

《贡院即事》

自崇宁癸未叨备从班，距今十有四年间。五知贡举，文官花在试厅前。

文官花畔揖群英，

紫案香焚晓雾横。

十四年间五知举，

粉牌时拂旧题名。

该诗是宋代贡院考试的纪实之作，文官花作为当朝的吉祥花，寓意中举，栽植于贡院门前，深受文人学子的喜爱。

另据胡仔纂集的《笤溪渔隐丛》后集（公元1127年宋高宗年间）卷第三十五记载：上庠录云，贡士举院，其地本广勇故营也，有文官花一株，花初开白，次绿次绯次紫，故名文官花。花枯经年，及更为举院，花再生。今栏槛当庭，尤为茂盛。可见文冠果在宋代时叫文官花，当时的文官，首穿白袍，次着绿袍，再穿红袍，最大的官才穿紫袍。后来，文官都按照文冠果开花的颜色次序穿袍，以此区分官阶的大小，这也延续了《唐会要》记载的唐代官服的颜色变化。

（二）辛弃疾（公元1140—1207年）

辛弃疾，南宋豪放派词人、抗金将领，有“词中之龙”之称。他也写过记载文官花的词。

《水龙吟·倚栏看碧成朱》

寄题京口范南伯家文官花。花先白次绿、次绯、次紫。《唐会要》载：学士院有之。

倚栏看碧成朱，等闲褪了香袍粉。上林高选，匆匆又换，紫云衣润。几许春风，朝薰暮染，为花忙损。笑旧家桃李，东涂西抹，有多少、凄凉恨。

拟倩流莺说与，记荣华、易消难整。人间得意，千红百紫，转头春尽。白发怜君，儒冠曾误，平生官冷。算风流未减，年年醉里，把花枝问。

辛弃疾词里的文官花，即岳父范邦彦（字子美，祖籍今河北邢台，移居今江苏靖江）家的花。词中的范南伯系范邦彦之子，名如山，字南伯。宋代牟巘《陵阳集》卷十五《题范氏文官花》载：韩魏公守维扬，郡圃芍药有腰金紫者四……邢台范氏文官花，粉碧绯紫见于一日之间，变态尤异于腰金紫。辛稼轩尝为赋《水龙吟》……领学士，主文盟，文官

之应不虚矣。人皆曰：花，范氏瑞也。夫以雷卿之贤，两家百年忠义之脉、文物之传，在其一身，宜造物以功名事业付之。花本出唐翰苑中，雷卿既为翰林主人，花亦荣耀。吾方贺兹花之遭。然则花瑞范氏乎？范氏瑞花乎？

元代张伯淳《养蒙集》卷五《题范雷卿二卷》载：范氏故园有花一本，先白，次绿，而绯，而紫，以文官花得名。稼轩辛公为赋长短句。

（三）洪适（公元 1117—1184 年）

洪适（kuò），自号盘洲老人，官至右丞相，与欧阳修、赵明诚并称为“宋代金石三大家”。洪适写有 4 首关于文官花的诗，足以证明当时文官花的风靡程度，也体现了士大夫、文人墨客对于文冠果的喜爱。

《盘洲杂韵上·文官花》[1]

破白便怀青，纡朱旋著紫。
鼎鼎一春忙，浮荣均梦蚁。

---

① 本题来自《盘洲》至《黄梅》九首，底本据景宋抄本补写。

《朱叔召遗文官花二绝句》其一

幻出荷衣点雪衣，更将龟紫换牙绯。
人中巧宦谁知此，好向天街插翅飞。

《朱叔召遗文官花二绝句》其二

绿心变却初时白，紫色由来昨夜朱。
学得文官何足道，但堪花径骇僮奴。

《再赋》

不用风人怨绿衣，身兼魏紫与潜绯。
司花直为文官地，可忍春残一片飞。

（四）许及之（公元1141—1209年）

许及之，字深甫，温州永嘉（今浙江温州）人。孝宗隆兴元年（公元1163年）进士，后知枢密院兼参政，《宋史》有传。许及之也曾留下咏叹文冠花的诗词。

《文冠花》

厌绿不厌红，夺朱非恶紫。
了知色即空，色空奚慕蚁。

四、明代：文冠果记载颇丰

（一）胡翰（公元1307—1381年）

胡翰，字仲申，浙江金华人。学者称他为长山先生，明代哲学家。他早年师从吴师道、吴莱，致学于古文，后来又从学于许谦。元代末年，他居住南华山，著书立说。明太祖下金陵，召胡翰，授以衢州教授之职。洪武二年（公元1369年），他被聘修撰《元史》。胡翰曾作《文官花赞》（图1-8）。

《文官花赞》

草木之植，钟美于天地，著见于古今者，其品多矣。大率以不恒有为瑞，以不多得为贵。华平宾连，紫脱阔阅，国家之瑞也，旷代始有之。扬之琼花、润之玉蕊，天下之美也！岂世所多得哉？物皆然！

今镇江其地，即润也！范氏[①]世居之，为望族。有花曰文官，先世所植也。自吴中富人及京洛公卿之家，斥苑囿，饰亭馆，竞一花一卉之奇，以夸示世俗。极游观之娱者，往往求若是花，蔑乎未有闻也。当唐之世，惟学士院有之，其曰文官，意亦以是耶。范氏世业儒，以诗书起家，为令宰任司臬者，衣冠相望于宋元二百年之间，其于是花，亦有不期而符者邪！

① 指范南伯家族。

天地生物，自形而色。白者不能以为绯，碧者不能以为紫。今以一植而具有其美，一日而递为之变，其得于造化之妙，非人力能致之。唐人以戎王子为异花，若文官乃异花也！

夫以造化所钟之异，天下不多得之物，而又植于衣冠之族。又有名公卿如辛幼安[1]者，本其所自而书之，制为乐府以歌之。虽谓之美瑞可也。而曾不厕于琼花玉蕊之列者，盖范氏故阀阅也，其花先世所植，手泽也，非若蕃厘招隐、老佛之宫、琼花玉蕊。人得趋而见之，使人得而见之，有力者将取而去之矣。则范氏珍之宜至，而传之不广也。

天下之物，负其所有，不自见于世者，皆是类也。余老矣，于世无所好，顾以平生不知有此花。一旦闻之，可为寡陋之叹，不能无幼安豪发之情焉！乃述其事，以贻其后人，从而为之赞。曰：

泰圜委和，嘉植挺生，抱素含贞，扬采代荣，如彼命服，品秩有章，下民所望，君子之光。我徵前闻，厥类匪一，瑞木四照，神芝五色，不贵异物，迈种厥德，于古有训，君子是式。

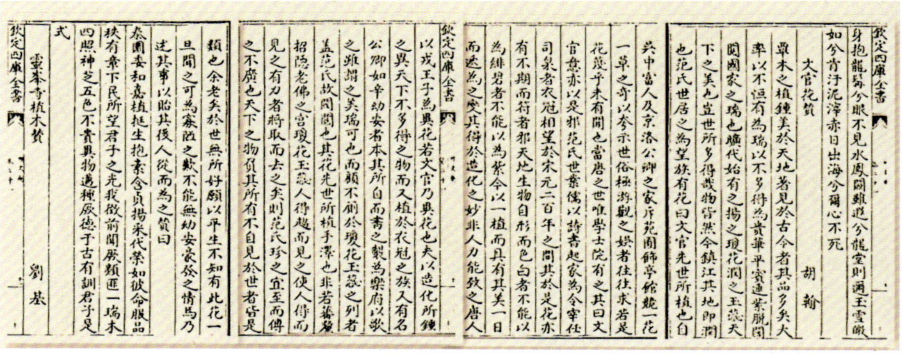
欽定四庫全書
身抱龍騎兮眼不見水國關雖遐兮能寔則通玉雪徽
如兮肯汙泥滓赤日出海兮爾心不死
文官花贊　胡翰
草木之植鍾美於天地著見於古今者其品多矣大
率以不恒有為瑞以不多得為貴華平賓連紫脫閭
閻國家之瑞也曠代始有之揚之瓊花潤之玉蕊天
下之美也豈世所多得哉物皆然今鎮江其地即潤
也范氏世居之為望族有花曰文官先世所植也自
吳中富人及京洛公卿之家斥苑囿飾亭館蓄一花
一草之奇以夸示世俗極游觀之娛者往往求若是
花蔑乎未有聞也當唐之世唯學士院有之其曰文
官意亦以是邪范氏世業儒以詩書起家為令宰任
司臬者衣冠相望於宋元二百年之間其於是花亦
有不期而符者邪天地生物自形而色白者不能以
為緋碧者不能以為紫今以一植而具有其美一日
而遞為之變其得於造化之妙非人力能致之唐人
欽定四庫全書
以戎王子為異花若文官乃異花也夫以造化所鍾
之異天下不多得之物而又植於衣冠之族又有名
公卿如辛幼安者本其所自而書之製為樂府以歌
之雖謂之美瑞可也而顧不廁於瓊花玉蕊之列者
蓋范氏故閥閱也其花先世所植手澤也非若蕃釐
招隱老佛之宫瓊花玉蕊人得趨而見之使人得而
見之有力者將取而去之矣則范氏珍之宜至而傳
之不廣也天下之物負其所有不自見於世者皆是
類也余老矣於世無所好顧以平生不知有此花一
旦聞之可為寡陋之歎不能無幼安豪發之情焉乃
述其事以貽其後人從而為之贊曰
泰圜委和嘉植挺生抱素含貞揚采代榮如彼命服品
秩有章下民所望君子之光我徵前聞厥類匪一瑞木
四照神芝五色不貴異物邁種厥德于古有訓君子是
式
靈峯寺梳木贊　劉基
欽定四庫全書

图 1-8　胡翰《文官花赞》书影

（二）陶安（公元 1315—1368 年）

陶安，字主敬，当涂（今属安徽）人，明代文学家。陶安写有文官花诗两首，也都是关于描述辛弃疾岳父范邦彦家文官花的。

① 辛弃疾，其妻范如玉，范南伯之妹。

《题范氏文官花二首·其一》

卉木无情似有情，九天雨露赐恩荣。
何缘颜色频更换，别有春工染得成。

《题范氏文官花二首·其二》

荔枝绿后绯还紫，金带围腰事亦常。
天遣名花作奇谶，一门数世盛文章。

（三）朱橚（公元 1361—1425 年）

朱橚（sù），安徽凤阳人，明太祖朱元璋第 5 子，明成祖朱棣的胞弟。洪武十一年（公元 1378 年）封为周王。朱橚好学，能诗赋，编著有《救荒本草》《保生余录》《袖珍方》《普济方》等作品，对我国植物学和医药事业的发展做出了巨大的贡献。

朱橚潜心科研，编写的《救荒本草》独具一格，告诉人们如何野外生存，以备荒年。该书首开野菜著述一门，前无古人，影响深远。从编写的出发点和内容方法来看，都与以前的本草著作不同，不仅科学地普及植物知识，而且从民生的角度入手，以利于人们度过饥荒之年，现在也具有重要的意义。

朱橚身为皇子，毫无跋扈之气，却心怀天下苍生。《救荒本草》记载了可以食用的 400 多种野生植物，超越了以往任何植物著作。专门帮助人们正确辨认并安全食用野生植物，以免误食伤身。他编写这本书的目的也很明确，就是为了便于荒年时饥民采食野菜。

朱橚在考察野菜时，先将它们从野外移植到自己的园子里，然后做细致认真的研究，而且几乎每种植物他都亲自考察研究（即“躬自阅视”），弄清它们长什么样子、有什么作用、如何烹饪制作等。该书更加突出的特点是图文并茂，每种植物都配以精确美观的版画插图，将实用性与艺术性融为一体，开创了中华民族植物学著述的新天地。

李濂曾经评价《救荒本草》：“是书也，有功于生民大矣。”皇子朱橚真正做到了功在当代，惠及千秋。

《救荒本草》（图 1-9）中记载：

> 文冠花，生郑州南荒野间，陕西人呼为崖木瓜树，高丈许，叶似榆树叶而狭小，又似山茱萸叶亦细短，开花仿佛似藤花而色白，穗长四五寸[①]，结实状似枳壳而三瓣，中有子二十余颗，如肥皂角子，子中瓤如栗，子味微淡，又似米面，味甘可食，其花味甜，其叶味苦……

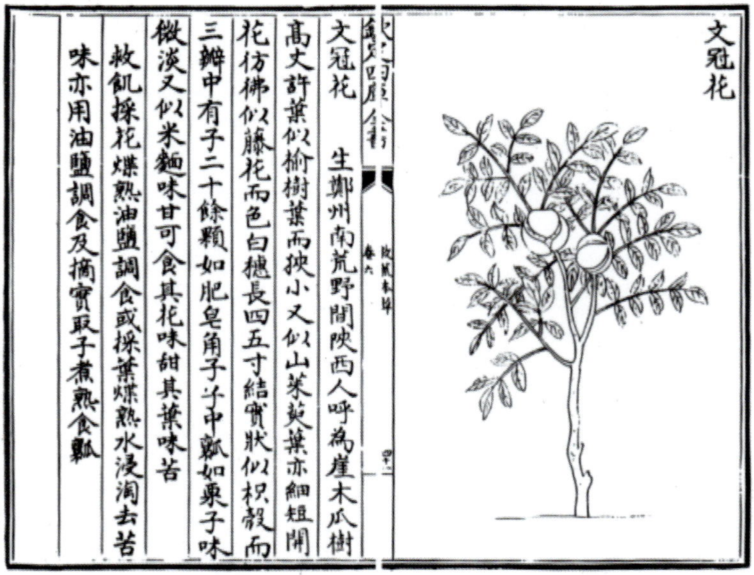
文冠花

文冠花 生鄭州南荒野間陝西人呼為崖木瓜樹高丈許葉似榆樹葉而狹小又似山茱萸葉亦細短開花彷彿似藤花而色白穗長四五寸結實狀似枳殼而三瓣中有子二十餘顆如肥皂角子子中瓤如栗子味微淡又似米麵味甘可食其花味甜其葉味苦

救飢 採花煠熟油鹽調食或採葉煠熟水浸淘去苦味亦用油鹽調食及摘實取子煮熟食瓤

图 1-9 《救荒本草》书影

（四）王世懋（公元 1536—1588 年）

王世懋（mào），文学家，嘉靖年间进士，官至太常少卿。他是史学家，著述颇丰，所著《学圃杂疏》中有关于文冠果的记载。

① 寸为市制长度单位，1 寸 ≈ 3.33 cm。

山东有文官果，花亦可观，形味稍似马金囊。礼部精膳司亦有一株，不知可移植吾地否。若无花果，不独京师，即吾地种辄生，但恶不足为园林重耳。

从记载可以得知，文官果在明代就在山东作为观赏花木栽种，礼部亦有栽植，但是没有被园林部门重视，知之甚少。

（五）蒋一葵（公元1573—1620年）

蒋一葵，字仲舒，号石原，江苏武进（今江苏常州）人。明万历年间在京做官，著有《长安客话》。《长安客话》载：

文官果肉旋如螺，实初成甘香，久则微苦。昔唐德宗幸奉天，民献是果，遂官其人，故名。

（六）张岱（公元1597—1679年）

张岱，号陶庵，又名陶庵居士，晚明文学家、史学家，擅散文。张岱所著《陶庵梦忆》记载了文冠果为山东方物（特产）和供品。

方物载："越中清馋，无过余者，喜啖方物。北京则苹婆果、黄鼠、马牙松；山东则羊肚菜、秋白梨、文官果、甜子……"

卷四《严助庙》载："陶堰司徒庙，汉会稽太守严助庙也。岁上元设供，任事者，聚族谋之终岁。凡山物粗粗（虎、豹、麋鹿、獾猪之类），海物噩噩（江豚、海马、鲟黄、鲨鱼之类），陆物痴痴（猪必三百斤，羊必二百斤，一日一换。鸡、鹅、凫、鸭之属，不极肥不上贡），水物哈哈（凡虾、鱼、蟹、蚌之类，无不鲜活），羽物毨毨（孔雀、白鹇、锦鸡、白鹦鹉之属，即生供之），毛物毧毧（白鹿、白兔、活貂鼠之属，亦生供之），洎非地（闽鲜荔枝、圆眼、北苹婆果、沙果、文官果之类）、非天（桃、梅、李、杏、杨梅、枇杷、樱桃之属，收藏如新撷）、非制（熊掌、猩唇、豹胎之属）、非

图 1-10　重瓣文冠花

性（酒醉、蜜饯之类）、非理（云南蜜唧、峨眉雪蛆之类）、非想（天花龙蜒、雕镂瓜枣、捻塑面之类）之物，无不集。庭实之盛，自帝王宗庙社稷坛壝所不能比隆者。十三日，以大船二十艘载盘軨，以童崽扮故事，无甚文理，以多为胜。城中及村落人，水逐陆奔，随路兜截，转折看之，谓之'看灯头'。五夜，夜在庙演剧，梨园必倩越中上三班，或雇自武林者，缠头日数万钱。"

由张岱的记载不难看出，当时文冠果是出自山东的特产且已南北流通，文冠果运达余杭。绍兴陶堰镇的严助庙就有文冠果作供品陈列，可见文冠果颇受重视。

（七）徐光启（公元 1562—1633 年）

徐光启，号玄扈，明代著名科学家、政治家。官至崇祯朝礼部尚书兼文渊阁大学士、内阁次辅，著有《农政全书》（图 1-11），其中就有关于文冠果为嘉果的记载。

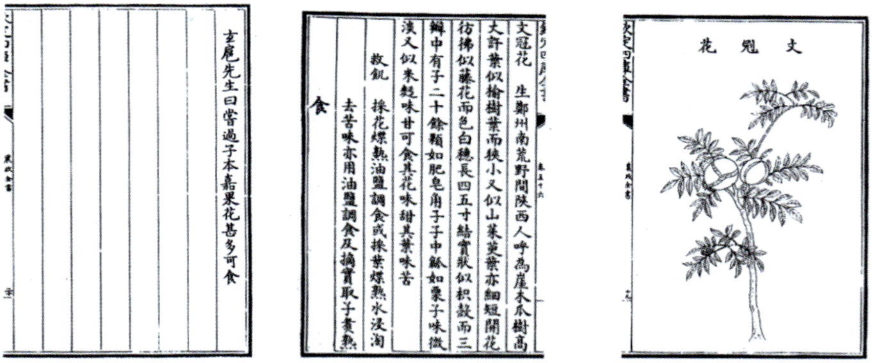

图 1-11 《农政全书》关于文冠果的记载

文冠花：生郑州南荒野间，陕西人呼为崖木瓜。树高丈许。叶似榆树叶而狭小，又似山茱萸叶亦细短，开花仿佛似藤花而色白。穗长四五寸。结实状似枳壳而三瓣，中有子二十余颗，如肥皂角子。子中瓤如栗子，味微淡，又似米面，味甘可食。其花味甜，其叶味苦。

救饥：花煠熟，油盐调食。或叶煠熟，水浸淘去苦味，亦用油盐调食。及摘实取子，煮熟食。

玄扈先生曰：尝过。子本嘉果；花甚多，可食。

（八）宋继澄（公元 1594—1676 年）

宋继澄，明万历年间文坛领袖。字澄岚，号渌溪，又号万柳居士，晚年自称海上病叟。1594 年出生于今山东莱阳。宋继澄著作中有《文官果铭》，曰：其外坚刚，其内卷曲。域分为三，每域三五，少白多黑，似甘而苦。读书成名，呜呼三复。

明代万历年间《即墨志》亦有记载：文冠果，外皮厚，色绿，剖之三瓣，瓣各有数子。樨者白，成者黑，去黑白皮见肉色绿，去心味清香，果中之雅品者，其心则苦也。莱阳宋征君[①] 昔有感于时，寓言于果曰：其外坚刚，其内卷曲，域分为三，每域三五，少白多黑，似甘而苦，读书成

① 莱阳宋征君即为宋继澄。

名，呜呼三复。所以讽世者尽矣，盖朋党之失亦寓焉，奈何其不知醒也。

（九）陈淏子（明末清初）

陈淏（hào）子，又名扶摇，另署西湖花隐翁，著有植物百科书《花镜》。《花镜》载：

> 文冠果产于北地，树高丈余，皮粗多砢，木理甚细，叶似榆而尖长，周围锯齿纹深，春开小白花成穗，每瓣中微凹，有细红筋贯之，子大如指顶，去皮而食其仁甚清美。如每日常浇或雨水多，则实成者多，若遇旱年，则实秕，小而无成矣。

陈淏子著《群芳花镜全书》的秘传镜卷三，除了对文冠果有与上述相似的记载外，对其果实形态及内部构造也有详细的描述：

> 蒂下有小青托，落花结实大者如拳，实中无隔，间以白膜，仁与马槟榔无二，裹以白软皮，大如指顶，去皮而食味甚清美。

五、清代：皇家、寺院、百姓都爱文冠花

（一）北京瑞应寺

在北京什刹海北岸，本有座始建于明成化三年（公元 1467 年）的龙华寺。当时，该寺门前种有大片稻田，呈现一派江南风光。寺内青竹古松众多，“磬声松下静，鸟语竹间清”。不少居住在北京城的南方人喜欢到这里观景。康熙五十二年（公元 1713 年）三月十八日是康熙帝六十寿辰，内外大臣用各种办法祝贺。都察院左都御史揆叙（康熙时期重臣纳兰明珠次子）将龙华寺整修一新，在寺内为康熙帝祈求福佑。寺庙修好后，揆叙专门将此事奏报，康熙帝特赐名“瑞应寺”。事也凑巧。这年夏天，瑞应寺内种植的文冠果（又叫文光果、文官果）长得格外好，而且是果实并蒂相连。当时，揆叙正随同康熙帝在热河避暑山庄。寺僧便派人连夜兼程奔赴避暑山庄，将并蒂骈颗的文冠果送去。揆叙看后十分惊奇，大臣们也都议论纷纷，说皇上刚刚为这个寺庙题写了额联，瑞象即现，真是“瑞应”。此事在碑文中记载：“广庭植木文光果实忽并蒂骈颗，青荧光泽，特殊佗种……以为上甫赐额，瑞即应之。”一个叫汤右曾（公元 1656—

1722年，浙江仁和人，字西厓。工行楷，遒媚似苏轼。诗与朱彝尊齐名）的朝臣，刚升任经筵讲官、吏部右侍郎兼管翰林院学士事，赴热河谢恩，听闻此事，随即写了《文光果》一诗。一天，康熙问侍班的揆叙，汤右曾最近有没有什么新诗。揆叙说，右曾刚写了一首《文光果》诗，康熙帝便命取来阅看，康熙见诗中有赞美祥瑞之意，一时诗兴大发，遂作诗一首《和汤右曾文光果诗》（图1-12）。诗曰：

西域滇黔有此种，花从贝梵待春融。
龙章瑞应题真境，载笔欣瞻近法宫。
内白皮青多果实，从香叶密待诗公。
冰盘先献枫宸所，更喜连连时雨中。

图1-12 五塔寺 康熙《文光果》诗碑刻（毕泉鑫摄）

康熙在诗中称汤右曾为“诗公”，并描述了文冠果的产地和习性以及由吉祥物引发的心怀百姓的帝王情怀，强调自己并不看重祥瑞，更期盼天下风调雨顺，百姓安宁。

这段君臣唱和的佳话，被揆叙记载在《瑞应寺并蒂文光果》一诗中：

祇围宠锡天章后，弥果联翩瑞气融，
莲似并头需法雨，鸟如其命集禅宫。
新诗题品先头我，佳话流传始自公，
更喜万人歌御藻，文光长烛塞垣中。

当年制作的“御制文光果石刻碑”，有幸被保存下来，作为见证文冠果辉煌的历史文物，现被北京石刻艺术博物馆收藏。碑刻展区还栽种了一片文冠果树，文物与实物交相辉映，相得益彰。文光果树的花期在4月到5月，持续30天左右。每年花开时节，先白，次绿，再红，后紫，吸引大批观众前来踏青赏花、观石品诗。它是我们研究文冠果栽培利用史的有力见证，也证明文冠果历来备受皇家所喜爱。

还在康熙儿时，康熙的祖母孝庄太后就在故宫养性门外安排栽植有两棵文冠果，象征“文冠当庭、望子成龙”，这是两株饱含长辈对孩子美好寓意和期望的祥龙木。清圣祖敕撰《御定广群芳谱》卷六十七详细记载了文冠果的来历和价值等。可见，在那个年代，文冠果就是比较流行的皇朝之花了。

（二）北京法源寺

有着悠久历史、闻名中外的法源寺，在北京宣武门外教子胡同内。走进山门，西首是鼓楼。鼓楼南面，则有一株树龄300多年、胸径40 cm、高度超过9 m的文冠果树。清初大诗人吴伟业（即吴梅村）和“扬州八怪”之一的罗聘，都曾为之感慨系之，留下了不少寓意深远、脍炙人口的诗篇。

文官果树在清乾隆年间已成高树，著名画家罗聘在京时曾来游玩，题诗曰：

首夏入香刹，奇葩仔细看。
僧原期得果，花亦爱名官。
朵朵红丝贯，茎茎碎玉攒。
折来堪着句，归向胆瓶安。

文冠果花初开白色，花药粉红，因此诗中有“红丝”“白玉”之说。文冠果种仁嫩时柔脆可食，味甚甘美，清淡可口。清初诗人吴梅村作诗曰：

近世谁来尚，何因擅此名。
小心冰骨细，虚体绿袍轻。
味以经尝淡，香从入手清。
时珍夸众口，肴核大纵横。

（三）文人关于文冠果的记载

吴绮（公元 1619—1694 年），清代词人，官至湖州知府。著有《林蕙堂全集》，其卷十五载有《文官果》诗，记载文冠果作为御贡品来源。

《文官果》

佳名因供御，此种自齐州。
脂绿蟠蜗尾，房清剖雁头。
脆分山栗早，嫩占楚莲秋。
草木诚何事，居然第一流。

清代寂空禅师整理的《明·觉聪禅师语录》记载了僧人写下的文冠果诗词。

海会方丈前有文官果树，枝干久枯，丙申夏，予进院，至秋，花复盛开，咸谓瑞应，赋之。

觉苑文官果树枯，灵根顿发叶扶苏。
枝头半露梓童眼，干底全彰古佛躯。
海会堂前呈瑞气，皇都市上献良图。
秋来万卉皆零落，独羡奇花灿烂敷。

吴振棫（yù）（公元1790—1870年）著《养吉斋丛录》（卷二十六·御供佳品）中记载：

文官果、花嫣红，实大二三寸许，剖之，中有子数枚，再剖之，有仁作旋螺形。味甘淡而有微香……此果亦入祭品也……

从上述摘录中可以想见，清代二三百年间，天下珍奇果物禽兽、海猎河鲜，或御获，或捕牲兵获，或各地贡献，无所不有无所不致也；天下珍奇美味，御膳房无不烹制。

六、1912年以后：文人、科学家有记载

（一）《疏影·文官果树》（清末民国初·夏孙桐）

《疏影·文官果树》

含烟缀玉。傍梵天尺咫，分荫丛绿。瞥眼花时，垂实离离，衔泥过燕还啄。登盘风味知何似，且艳说、清华名目。想堕枝、响脆琴床，未减雨肥梅熟。

台畔罗含旧句。蛎苔带露洗，重咏嘉木[①]。何代移根，薝卜香中，倘有鹓鸾栖宿。荣枯都付沧桑感，问掌故、宣南堪读。好倩他、贝叶余芬，画笔补参金粟[②]。

（二）《咏极乐寺文官花》（溥心畬）

《咏极乐寺文官花》

百尺排云雨，千山夕照开。
龙文近斗宿，黛色郁风雷。

① 罗两峰（画家）有文官果诗，刻悯忠台壁间。
② 前数年萎其一，今存三株。

不逐青牛去，曾随白马来。

所嗟梁木坏，敢望济时才。

溥心畬（yú）（公元1896—1963年），原名爱新觉罗·溥儒，初字仲衡，改字心畬，自号羲皇上人、西山逸士。北京人，满族，为清恭亲王奕訢之孙。笃嗜诗文、书画，皆有成就。画工山水、兼擅人物、花卉及书法，与张大千有“南张北溥”之誉。

（三）《中国植物图鉴》（贾祖璋、贾祖珊，公元1937年）

民国时期，植物学家贾祖璋、贾祖珊在《中国植物图鉴》将文冠果归为救荒本草类，用现代语言和观念对文冠果进行了详细描述。《中国植物图鉴》（图1-13）其中记载：

图1-13 《中国植物图鉴》（中华书局出版）

《救荒本草》文冠果：

（形态）叶互生、奇数羽状复叶，小叶狭长，有锯齿。四月开花，排列成总状花序，顶生花序上部的花能结实，下部的和侧生花序的花常不结实，萼片瓣各五片。果实七月间成熟。种子暗褐色。

（生态）落叶灌木或乔木。山野自生，间有栽培。分布辽、冀、鲁、晋、陕等地。

（应用）花味香，种子的仁色白，质似米麦，均可供食用。本著述距今仅四十余年，是按形态、生态、应用等分别记述，更加科学。

从以上古籍史料来看，我国古代科学家和劳动人民在漫长的生产实践中，对文冠果的树体形象、分布、特性、花、叶、果实的形态特征及利用等，都早已进行过调查研究，做了完整的描述，为我们进行文冠果的栽培和研究工作提供了丰富的资料和宝贵的经验。可以说，文冠果的栽培与利用是我国历朝历代积累的一项重要的科技成就。

第2节 文冠果的形态特征

文冠果为无患子科文冠果属落叶乔木或灌木，树皮灰褐色纵裂，老树扭曲状纵裂，新梢紫红色、暗绿色或灰褐色，被白色绒毛或光滑无毛。

奇数羽状复叶，互生，小叶 9 ~ 19 枚，窄椭圆状披针形，长 2.5 ~ 6 cm，宽 1 ~ 4 cm，叶缘具有尖锐锯齿，顶生小叶通常三深裂。叶片腹部浅绿色，泛白，背部绿色或深绿色，有蜡质层。

文冠果根系呈圆柱形，黄色，包括直根系、侧根系，主根发达，萌蘖性强。

总状花序，萼片 5 个，花瓣倒卵形，花顶端开裂，两性花，雄花、雌花，总状花序长 12 ~ 30 cm，白花品系花瓣基部颜色由黄色渐变为红色或紫红色，上部白色或黄色，也有些品种的花色整个开花过程基本不变化（图 1–14）。红色品系花瓣基部颜色由粉红色或红色变为红色或紫红色，花瓣上部由黄色

图 1–14　白花色系，花瓣颜色不变化

渐变为红色或紫红色。

在山东潍坊地区，文冠果花期（图 1-15）可持续 25 ~ 30 天，初花期为 4 月 10 日至 4 月 16 日，盛花期为 4 月 17 日至 4 月 24 日，末花期为 4 月 25 日至 5 月 05 日。

蒴果，长达 5 ~ 10 cm，种子横径大多 1 ~ 1.5 cm，成熟初期黑色而有光泽，后慢慢变为黑褐色。

图 1-15　种质资源圃的文冠果开花状态
（山东沃奇农业开发有限公司供图）

第 3 节　文冠果的生物学特性

文冠果栽种后 2 ~ 3 年挂果，盛果期可达 200 年以上，目前在山东地区发现的文冠果因树体条件不同而有较大差异。2019—2023 年，我们在山东潍坊地区的文冠果种质资源圃进行了实地观察。

一、物候期观察标准

芽体增大：鳞片沿芽的纵面稍稍萌动，尚未分离。

芽体开展：鳞片相互分离，绿色幼芽自芽顶端顶出。

展叶期：新梢上端的第 1 ~ 2 叶序的叶片展开。

开花期：当文冠果花的开花比率达到 5% 时，为初花期。

花期：当开花比率超过 10% 时，标志着进入盛花期；当 60% 的花柱头枯萎时，地面上出现落花时，标志着花期进入末花期。

子房膨大：子房受粉后，体积开始膨大。

果实形成：果实体积不再膨大或膨大极其微小。

种子成熟：果皮颜色由绿色变为黄绿色至黄色，果实表皮由具有光泽变为粗糙，果实尖端微微裂开，种子由乳白色变为棕红色最后变为黑褐色，标志着种子完全成熟。文冠果物候期见表 1-1。

表 1-1　文冠果物候期

芽			叶			花			果		
芽体增大	芽体展开	开始出叶	完全出叶	叶片初落	叶片全落	初花	盛花	末花	子房膨大	果实形成	种子成熟
3 月	3 月	4 月	5 月	9 月	10 月	4 月	4 月	4 月	5 月	6 月	7 月
中旬	下旬	下旬	上旬	上旬	下旬	上旬	中旬	下旬	上旬	上旬	中旬

二、文冠果生长特性

（一）芽的生长特征

文冠果的芽分混合芽和叶芽，叶芽抽放新梢，混合芽开花结果。花序基部抽生 3 ~ 4 个新梢，花序中上部的两性花开花结果，结果枝条多在树冠外围，自然条件下，结果部位逐年外移。

文冠果枝梢分为春梢、夏梢和秋梢三类。春梢 7 月上旬停止生长，7 月上旬至 8 月上旬抽出的是夏梢，8 月下旬以后抽出的是秋梢。春梢基本上都能形成混合芽，夏梢中有 40% ~ 50% 形成混合芽，秋梢一般不能形成混合芽。

图 1-16　黄土高原文冠果根系

（二）根系生长特点

文冠果的根系生长与土壤温度和湿度关系密切，温度 20℃左右根系活力最强，低于 15℃生长逐渐减弱，5℃以下休眠。文冠果根系发达，肉质根系能够储存大量水分，保障水分的吸收和供应，主根分布深，黄土高原干旱地区主根可达 10 m 深，因此耐旱、抗旱的能力特别强（图 1-16）。

（三）开花结果

文冠果有多花芽和单一花芽两种（图 1-17），花芽分化可以分为 4 个阶段。

图 1-17　多花芽和单一花芽

第 1 阶段：5 月中旬春梢停止生长，营养物质开始积累，形成花原基。

第 2 阶段：6 月中下旬至 8 月下旬，形成花序上每朵花的原始体。

第 3 阶段：9 月上旬至树体休眠，是花原体分化阶段，形成花的原始组织。

第 4 阶段：翌年 3 月气温回升，树液开始大量流动后，花芽继续分化，一直到开花前完成。开花前 1 个月，树液流动，营养物质积累，此时是修剪的最佳时间。

文冠果在不同时期的开花状态不同（图 1-18）。果实为蒴果，结果后大部分是三心皮，也有四心皮、五心皮，单果或串果，一般每花序能着生 1 ~ 5 个果，果实大小一般为 3 ~ 7 cm，最大果径长达 14 cm。

图 1-18　文冠果不同时期的开花状态

（四）果实生长、成熟与采收

文冠果的雌花4月中旬授粉后，子房开始发育膨大，幼果开始脱落。5月3日达到脱落高峰，该阶段落果持续时间短，脱落多。5月上旬至6月初零星落果，树体前一年储藏的养料在这一时期供应开花坐果与抽枝长叶，营养不足导致生理性落果。因此前一年采果后的复壮肥显得尤为重要，保障树体养分的积累，供应来年的生长发育，促进稳产丰产，避免大小年。根据徐东翔教授研究，整株文冠果坐果率宜在10%。

文冠果一般6月上旬进入乳熟期，此时期文冠果种仁呈现青绿色螺旋形状（图1-19），脆甜可口，这个时期也是文冠果鲜果上市的最佳时期。

图1-19　文冠果乳熟期

7月上旬至中旬，随着果实的继续生长发育，文冠果种仁由青色逐渐变成乳白色，内中皮由白色变为红色，逐渐变为黑色，果皮由绿色变为黄绿色，全树果实1/3左右开裂达到此程度，标志果实基本成熟（图1-20），可以分期分批采收。山东一般7月15日全部收获完成。采收过程严禁抢青和掠青。

图 1-20 文冠果结果及果实成熟状态

采收方法：用修枝剪剪取果柄基部，带果柄采摘有利于果实后熟，完成种子物质的积累。严禁用木杆敲击、钩枝，以避免新梢损伤，影响翌年坐果。采收以晴天进行为宜，下雨或露水未干时不宜采收。

采后处理：果实采收后，摊开放置于干燥阴凉通风处，厚度 < 20 cm，阴干 7 ~ 10 天后熟。阴干过程中要注意通风，需经常翻动，防止果壳发霉，然后包装存放在通风避光处保存。待果壳大半干（实测果壳含水量 25% ~ 30%），用棍轻敲即可散裂时，便可脱粒。脱粒可采用专门脱粒机或人工滚压脱粒。脱粒后，可在阳光下晒 3 ~ 4 h，避开中午最热时间段，然后将种子摊开于干燥阴凉通风处，厚度 2 ~ 3 cm。种子不能烈日下长时间暴晒，应自然风干，实测含水量 < 14% 时，即达到风干标准，有利于长时间储藏。用种子分选机，按粒径进行分级，然后用麻袋或者编织袋分级装袋、贴标签后放置阴凉、通风、干燥处保存，防止受潮。

（五）花、叶、枝的采收

1. 花的采收

通常文冠果树上枝条的顶生芽才能发育出两性花。为了丰产，可以疏去侧芽的花序、开放花朵，修剪的叶、枝应采收并初加工。

侧花序长到 5 ~ 7 cm，序底部留下 1 cm（有些为混合芽，底部留下的是叶芽）；在每序花开一半时，先将花蕾疏下，再将花朵疏下，分别采集与装筐。采集序、花过程中，注意不要混入杂质，用筐、纸箱装好，防止揉搓，保持完整的自然形状；当天采收，当天完成干燥；实测烘干含水量 < 1% 为合格，烘干的序、花用密封袋，加干燥剂、脱氧剂装袋（袋外层避光）密封，入库保存。

2. 叶片的采收

采集完整性好的叶片，去掉复叶柄，去掉病叶、残叶、杂质，用筐或纸箱装好，防止揉搓，保持完整的自然形状。采收后及时进行雾化清洗、杀青干燥。

3. 枝条的采收

文冠果木的采收最佳时期为 3–8 月。按蒙医用药方法，阴干药材 3 周，剔除干枝、枯枝、病枝，去除外皮，剪成约 1 cm 小段，用粉碎机粉碎，过 5 号筛，即得供试药材粉末。加干燥剂、脱氧剂装袋（袋外层避光）密封，入库保存。

第4节 文冠果生态条件及分布类型

一、温度

文冠果生长与温度的关系比较密切：日平均气温保持在5℃以上时，芽开始萌动；日平均气温保持在10℃以上时，花序迅速伸长、抽梢、展叶并开花；日平均气温保持在15℃以上时，新梢停止生长，开始形成顶芽；日平均气温在5℃以下时，开始落叶。文冠果的果实生育期约为80天，开花较早，果实成熟也早；开花晚，果实成熟也晚。

二、土壤

文冠果分布区土壤以黄绵土占绝对优势，其次是黑土、风沙土及山地褐土。另外，在一些棕壤、棕红壤、栗钙土、灰钙土、红胶土上也有文冠果分布，分布区内土壤的pH为7～9.5。

三、分布区类型

根据文冠果在我国各地分布的集中程度与资源规模，可将文冠果的分布区划分为3种类型：主要分布区、次集中分布区、零散分布区。

（一）主要分布区

根据调查，文冠果分布最为集中的地区是内蒙古赤峰市，文冠果保存面积54.5万亩①，位于翁牛特旗经济林场（图1-21）、阿鲁科尔沁旗坤都林场和鄂尔多斯市；甘肃省白银市累计栽种文冠果48.1万亩，位于会宁县、靖远县、景泰县、平川区。

内蒙古分布区和甘肃分布区地处温带大陆性半干旱季风气候区，冬季严寒干燥，降雪很少，春天干旱而风大，常有风沙危害。年平均气温

① 1亩≈667 m^2。

图 1-21　文冠果古树（赤峰翁牛特旗）

6 ~ 7 ℃，≥ 10 ℃积温 2 600 ~ 3 000 ℃，无霜期 130 天左右，年降水量 310 ~ 350 mm，年蒸发量 1 200 ~ 1 600 mm，干燥度 1.2 ~ 1.4。干旱、大风是两地区最主要的自然灾害之一。

白银市气候在中国气候区划上为中温带半干旱区向干旱区的过渡地带。年平均气温 6 ~ 9℃，年降水量 180 ~ 450 mm，多集中在 7 月、8 月、9 月，占全年降水量的 60% 以上，属东南季风气候西北部边缘区，年蒸发量达 1 500 ~ 1 600 mm，是平均降水量的 4.5 倍。北部景泰县年蒸发量最高达 3 390 mm。全市由南向北分 3 个气候区，干燥度华家岭至会宁县城间在 1.0 ~ 1.5，属半干旱区。靖远县城向北至白银、景泰间，干燥度由 2.0 逐渐增大为 4.0，属干旱区。白银气候四季分明，日照充足，夏无酷暑，冬无严寒。

内蒙古和甘肃分布区属于丘陵台地栗钙土立地类型，海拔在 650 ~ 1 200 m，属低山丘陵，土壤主要是栗钙土。

甘肃分布区属于黄土高原栗钙土丘陵类型，海拔在 1 000 m 以上。

内蒙古分布区的文冠果是人工纯林，是在 20 世纪 50 ~ 60 年代种植的，据当地介绍，是从当地北大庙这座庙宇的一棵文冠果发展起来的，至今这棵树还在。在当时政策的指导下，共种植了5万亩，以解决人们的食用油问题。当初栽植的纯林现存的文冠果只有约2.5万亩，且种子产量比较低。

甘肃分布区的文冠果是从2007年引种的，随着生态建设的发展，面积呈现逐渐增加的趋势。

（二）次集中分布区

次集中分布区包括河北张家口、陕西榆林、山西大同、甘肃平凉和庆阳。本区气候以温带半干旱大陆性季风气候为主，还有少量的中温带半湿润气候，年平均气温7.0～12.0℃，≥10℃积温2 500～3 300℃，无霜期200天左右，年降水量400～700 mm，雨季集中在7月、8月、9月。本区风沙严重，年平均沙暴日5～20天。

本区地貌为黄土丘陵沟壑，也有少量土石山地。中生代砂岩、页岩、泥岩和第三纪红土，土层厚50～150 m，地面海拔800～1 800 m，水土流失极为严重，是黄土高原水土流失严重的地区之一，大多数沟底呈V形，坡度不一，在45°以上甚至达到80°。

由于过度采伐，文冠果的原始林不复存在。经过天然更新后，自然恢复形成次生群落。天然分布状态下的文冠果生长环境比较恶劣，大多数生长在山崖边上，人迹罕至，为此陕晋地区称文冠果为“崖木瓜”。当地农民把它们当成柴火砍伐掉，文冠果根蘖能力强，到了春天，就从根部萌发出新条，继续生长，就这样周而复始，也就导致本区的文冠果大都是幼龄林，树龄一般在10年以下。

（三）零散分布区

文冠果在本区零星分布，大都是人工栽植的，无成片林分出现，有的甚至是单株孤立木，处于无人管的状态。

主要包括陕西、甘肃、河南、辽宁、山东、新疆、安徽、青海。

本区的气候相对来说比较复杂，从东部和中部地区的暖温带半湿润季风气候（河南洛宁、栾川、沁阳，山东泰安、青岛、济宁），到西部地区的温带半干旱气候（陕西洛南、韩城、定边、榆林、黄陵）、温带干旱气候（甘肃灵台、民勤、临泽、西峰、庆阳、泾川、张掖、武威）和高原温带半干旱气候（青海循化）；以及温凉半干旱至半湿润针叶林气候（新疆疏勒、尼勒克）。本区年平均气温 3.0～12.0℃，≥10℃积温 1 200～4 000℃，无霜期 110～220 天，年降水量 80～800 mm。

本区文冠果的分布环境比较复杂，有沟谷类型、土石山地类型、浅山类型、平原荒漠类型、低山丘陵类型、中山类型、（留空）型、黄土高原沟壑类型、黄土丘陵类型等 9 种类型。本区土壤类型多样，主要有红黏土、黄绵土、灰褐土、栗钙土、棕壤、灰钙土、黑垆土。

文冠果的经济和生态效益日益显现，因此山东潍坊、辽宁阜新、内蒙古赤峰、陕西富县、新疆昌吉、河北保定、河南三门峡、甘肃白银等地开始繁育文冠果苗，壮大产业规模。

第 5 节　文冠果的价值

木本油料是国家战略产业和健康产业，大力发展木本油料产业已成为改善人民群众食用油结构、保障国家油料安全的重要途径。发展木本粮油也是丰富农产品供给结构、助力国家粮油安全、促进林区山区群众稳定增收、实现资源永续利用的重要举措。

国务院办公厅《关于加快木本油料产业发展的意见》（国办发〔2014〕68 号）明确将文冠果列为重点发展的 10 种木本油料植物之一。

文冠果在抗风沙、抗旱、造林、绿化等方面具有广阔的前景和潜力，有利于促进生态建设、文化旅游、生物制药、保健康养及林果业协调发展，对构建绿色高效产业体系、打造实践“两山”理论样板区，具有前瞻性的战略意义。

2022 年中央一号文件提出“支持扩大油茶种植面积，改造提升低产林”，国家发展和改革委员会等十部委《关于科学利用林地资源促进木本粮油和林下经济高质量发展的意见》提出“科学规划产业布局，加大政策引导力度，全面推动木本粮油和林下经济产业高质量发展”，安徽省委办公厅、省政府办公厅印发《关于深化新一轮林长制改革的实施意见》提出打造木本油料超 500 亿元产业目标。

2023 年 12 月 19−20 日在北京召开的中央农村工作会议对“三农”工作作出部署。其中，“稳面积”“提单产”仍是 2024 年粮食生产的重点任务，会议首提学用浙江省“千万工程”经验，重提树立大农业观等，为我国农村工作提供重要指引。2024 年，要树立大农业观、大食物观，把农业建成现代化大产业，构建多元化食物供给体系。大供应、大流通、大消费，以及一二三产融合型的新产业、新业态、新模式都可以纳入大农业观。

一、文冠果的环境美化价值

（一）花的观赏价值

文冠果为总状花序，花序长 10 ~ 20 cm，最长可达 30 cm，由 10 ~ 40 个花朵组成，萼片 5 枚，呈椭圆形，花瓣 5 片，呈倒卵形；花丝黄白色，花开后第 2 天变红色。花色艳丽，香味悠长。文冠果花期长，可持续开花 20 天左右；花色多变，同一时间同一植株开花时间不同，呈现出开花的不同状态，是难得的高观赏价值树种；花型多样化，有单瓣花与重瓣花之分；花序多样化，呈现出圆柱形、总状花序等（图 1−22 至图 1−25）。

图 1−22　镶嵌型

图 1−23　重瓣型

图 1-24　不翻卷花朵

图 1-25　翻卷花朵

（二）果的观赏价值

文冠果果实为蒴果，直径可长达 6 ~ 10 cm，形状有柱形、球形、扁球形、椭圆形、尖球形；表皮很厚，达 4 ~ 5 mm；果实按大小可分为小果形、中果形、大果形。未成熟时表皮为绿色，成熟后表皮会自动裂开成 3 ~ 5 瓣，种子会自动掉落。果实成熟后表皮呈黄黑色，坚硬如木。文冠果满树大大的果实，足以吸引诸多游人驻足观赏（图 1–26）。

图 1-26　文冠果即将成熟的果实

（三）绿化观赏价值

文冠果树形美观，鲜艳绚丽，气味清香，具有较强的抗旱、抗寒、抗盐碱、抗病虫害、抗风沙能力，可用作城市绿化观赏树种。其特征主要表现在主干明显，枝条角度大，叶片油绿，树冠葱茏繁茂，花序大而花朵密，山东地区花期为4月上旬至5月上旬，可弥补桃、杏、李之后的春季赏花空档期。文冠果花的花色随发育时期不同而逐渐变化，花色渐变艳丽，是难得的园林绿化小乔木（图1-27、图1-28）。

图1-27　文冠果花花色变化

图1-28　文冠果树开花

二、文冠果丰厚的经济价值

文冠果（图 1–29）结实早，一般栽培条件下，3 ~ 4 年生幼树开花结果是正常的，5 ~ 8 年进入盛果期。例如，山东潍坊安丘市 5 年以上树龄的文冠果，在自然条件下，每亩年产籽 200 kg，按单价每千克 20 元计，种植户每亩每年售籽收入 4 000 元；年亩产茶用鲜叶 50 kg，单价每千克 20 元，每亩每年售叶收入 1 000 元，合计 5 000 元，并且每年以 6% 递增。

中国林业科学研究院林业研究所选育的国审良种“中石 4 号”“中石 9 号”，在辽宁、内蒙古、陕西等多地推广。其中，4 年生树亩年产籽 50 kg 以上，5 年生以上亩年产籽 100 kg 以上；10 年生以上亩年产籽 150 kg 以上，仅亩年产籽收入可达 4 500 元。文冠果籽产油按 4∶1 的比例计算，10 年以上树龄的文冠果树每亩可产油 37.5 kg，油价在 200 ~ 600 元 / kg，如按平均 400 元 / kg 计算，则仅产油一项每亩每年综合收益可达 1.5 万元。

图 1–29　文冠果果实

文冠果产业国家创新联盟理事长、辽宁省文冠果专业技术创新中心主任阮成江教授团队，研究出文冠果丰产调控技术，经示范园试验，技术实施 3 ~ 4 年后亩年产籽达 100 kg，实施 6 年后可亩年产籽 200 kg 以上。

三、文冠果独特的食用健康价值

（一）文冠果油是独特的木本油料食用油

文冠果籽含油率 31% ~ 35%，油中不饱和脂肪酸高达 94.4%。种仁含油率 55% ~ 72%，蛋白质含量达 26% ~ 29.69%，维生素 E 含量达 72 ~ 79.2 mg/100 g。文冠果油富含神经酸，含量为 2% ~ 5%。文冠果油品质优良，是国家粮食和物资储备局推荐的健康木本食用油。

（二）文冠果叶可开发成功能性饮品

中国科学院沈阳应用生态研究所王力华研究员团队研究表明，经发酵的文冠果黑茶对治疗糖尿病有效；文冠果花蕾做成茶，对前列腺疾病有疗效；文冠果叶做成绿茶、红茶、黑茶（茯茶、普洱系列），鲜嫩的文冠果叶片可作为发酵型功能性饮料。文冠果叶片中蛋白质含量为 19% ~ 23%，含有 16 种人体必需氨基酸，含有丰富的三萜类、黄酮类化合物，可缓解腰腿疼；皂苷含量达到 5.53%，且含有杨梅苷、槲皮素等物质，含量为 4.06%，具有显著的杀菌、止血、降胆固醇作用。

（三）文冠果深加工综合利用效益大

其一，文冠果油中所含神经酸医学用途独特，高纯度的神经酸国际市场售价极高。

其二，文冠果种仁油非皂化部分所含三萜类化合物是液晶材料之一，开发价值高。

其三，文冠果油还可在工业上用作原料或辅料，如制作增塑剂、肥皂、化妆品原料等。

其四，文冠果开发出的利于心脑血管疾病保健的“亚油酸丸”“华佗治伤膏”，疗效显著。治疗小儿遗尿症，经 100 例初期临床结果证明，有效率达 93%。中国科学院沈阳应用生态研究所已将其开发成国家一类新药——文冠果子仁霜及遗尿停胶囊。

其五，文冠果种仁蛋白质含量丰富，营养价值高。原中国医学科学院卫生研究所（整合到现在的中国疾病预防控制中心环境与健康相关产品安全所）将文冠果种仁的氨基酸组成及含量，与南瓜子蛋白、卵白朊、麻仁球朊、胰岛素进行比较，结果是文冠果种仁的蛋白营养最丰富。

其六，日本关于文冠果发明专利（图 1-30），文冠果可应用于治疗尿失禁、尿频、小儿遗尿、小儿精神迟缓、脑老化、中年性痴呆、老年性痴呆以及帕金森综合征的药物。

JP 2005-500395 A 2005.1.6

(19)日本国特許庁(JP)　(12)公 表 特 許 公 報(A)　(11)特許出願公表番号
特表2005-500395
(P2005-500395A)
(43)公表日 平成17年1月6日(2005.1.6)

(51) Int.Cl.⁷	F I		テーマコード（参考）
A61K 35/78	A61K 35/78	C	4B018
A23L 1/30	A61K 35/78	X	4C086
A61K 31/56	A23L 1/30	B	4C088
A61P 7/02	A61K 31/56		
A61P 9/00	A61P 7/02		

審査請求 未請求　予備審査請求 有　（全 38 頁）　最終頁に続く

(21)出願番号　特願2003-522442(P2003-522442)
(86)(22)出願日　平成14年8月28日(2002.8.28)
(85)翻訳文提出日　平成16年2月5日(2004.2.5)
(86)国際出願番号　PCT/IB2002/004750
(87)国際公開番号　WO2003/017919
(87)国際公開日　平成15年3月6日(2003.3.6)
(31)優先権主張番号　09/944,805
(32)優先日　平成13年8月31日(2001.8.31)
(33)優先権主張国　米国(US)

(71)出願人　504046854
ファンテイン　シルバー　リミテッド
中国　ホンコン，クーロン，チム　シャーツイ　ポスト　オフィス，ピー．オー．ボックス　96234
(74)代理人　100083932
弁理士　廣江　武典
(74)代理人　100121429
弁理士　宇野　健一
(72)発明者　ウォン，ユン
ニュージランド国　デュニディン，メルローズ　ストリート　10
Fターム(参考)　4B018 MD43　MD48　ME10　ME14　MF01

最終頁に続く

(54)【発明の名称】ウェングァングォ抽出物を含有する組成物、その精製方法及び使用法

(57)【要約】
【解決しようとする課題】本発明はウェングァングォ殻からの抽出物を含有した組成物を提供し、さらに、次のステップを含んだ組合抽出物の製造方法を提供する。
【課題を解決する手段】その方法は、ウェングァングォ殻を有機溶剤で抽出して有機抽出物を準備し、有機溶剤を取り除いて水性抽出物を準備し、水性抽出物を乾燥、殺菌して組合抽出物を得るものである。抽出物は脳老化を予防し、脳機能を改善させ、遺尿症、夜尿症、頻尿症、尿失禁、痴呆、脳軟化症、アルツハイマー症、自閉症、脳障害、パーキンソン病、並びに脳機能不全で引き起こされる症状を治療し、関節炎、リューマチ、血液循環不良、動脈硬化症、レイノー病を治療する医薬品または健康食品を提供する。その組合抽出物はサポニン、糖類、蛋白質等を含有している。

图 1-30　日本运用文冠果制药的专利

四、文冠果独特的医用保健价值

沈阳药科大学、中国科学院植物研究所共同对文冠果进行了主要化学成分及功效分析，建立了文冠果药效物质数据信息化平台，对文冠果果壳、果柄、叶、花、茎枝、种皮、种仁、根等部位的化学成分及药用功效进行鉴定。

（一）果壳与果柄

从文冠果果壳中分离得到104种化合物，其中三萜类化合物49种；果柄中共分离得到40种化合物，其中三萜类化合物19种。果壳乙醇提取物、壳及柄提取物可显著改善学习记忆障碍。沈阳药科大学将文冠果壳苷与另外4种缓解认知障碍、预防记忆缺失的药物进行了药效对比，文冠果壳苷所需剂量明显减少。此外，文冠果壳苷能明显抑制肿瘤细胞生长，并可抑制小胶质细胞中炎性因子释放，还具有清除羟基超氧阴离子自由基的能力。

沈阳药科大学、中国科学院沈阳应用生态研究所研究发现，10年生文冠果树亩年产果壳（干燥）约200 kg，壳苷提取率约0.35%，可从果壳中提取壳苷0.7 kg。文冠果壳苷是治疗老年痴呆症的原料药，不仅能显著改善动物模型的记忆和空间分辨等障碍，还能有效改善大脑缺血缺氧。

（二）种仁

文冠果种仁中共分离鉴定出41种化合物，用提取物制成的“遗尿停”药品，可减少排尿次数，增强括约肌力量。种仁中的蛋白质可加工为蛋白粉、多肽、水解氨基酸功能饮料等健康食品，还可制成皮肤保养产品。

（三）种仁油

文冠果种仁油中共分离鉴定出34种化合物，具有抗氧化活性，对自由基有强清除作用，具有清除血液脂质物、软化血管、清除血栓质、阻断皮下脂肪形成的功能。文冠果种仁油富含神经酸，是修复神经纤维和促进神经细胞再生的双效物质，是细胞膜和脑白质的组成部分。

（四）种皮

文冠果种皮中共分离鉴定出 14 种化合物。其中，所含的黑色素类成分具有显著清除 DPPH 自由基作用。所含香豆素类成分中的黄花菜木脂素 B 有较强的抗人类免疫缺 4 病毒（HIV−1）作用；秦皮素与秦皮具有抗菌、消炎、抗肿瘤、促尿酸排泄及较强的神经保护作用，可用于食品天然染料和衣物纯天然染色剂，废渣可制备活性炭原料和生物吸附剂。

（五）木枝

文冠果木枝中共分离鉴定出 143 种化合物，其中三萜类 65 种，黄酮类 24 种。文冠木是藏、蒙药原料药，一种名为“西拉 · 森登”的蒙药，能祛风湿、消肿止痛，临床用于治疗风湿性关节炎、风湿内热、皮肤风湿等症，就是以文冠木为主料制成的。实验证明，文冠木超微粉可显著抑制大鼠关节炎，其乙醇提取物表现出显著抗炎活性。内蒙古文冠庄园与内蒙古医科大学合作研制了专治各类疼痛的“森登筋骨保健贴”。

文冠果木枝中还含有儿茶素、杨梅素，可清除 DPPH 自由基，含有的三萜类成分具有促进神经突触生长活性的作用。文冠果提取物具有美白淡斑的效果，被国家市场监督管理总局批准作为化妆品原料。

（六）叶

文冠果叶中共分离鉴定出 35 种化合物，中国医学科学院药用植物研究所检测，在文冠果叶茶中杨梅苷、芦丁、槲皮苷 3 种黄酮含量之和为 2.11% ~ 2.98%，总皂苷含量为 1.98% ~ 2.48%，总多酚含量为 2.96% ~ 3%。其中，三萜类化合物对癌细胞生长具有抑制作用；黄酮类化合物能显著抑制小胶质细胞过度活化，具有抗神经炎症作用；酚酸类化合物还能缓解乙醇中毒，具有解酒护肝的特殊功效；秦皮素有抑制铜绿假单胞菌、大肠杆菌、枯草芽孢杆菌增殖活性的作用；乙醇提取物对 DPPH 自由基有强清除作用。

邱悦研究发现：文冠果叶总皂苷减肥降脂功效显著，能够有效抑制胰脂肪酶活力，降低胆固醇和甘油三酯含量，进而促进脂肪代谢。

（七）花

文冠果花（图 1-31）中共分离鉴定出 64 种化合物，含有丰富的黄酮类和香豆素类药用成分，具有显著的抗氧化活性，可显著降低老年性前列腺增生；花青素含量高，是开发化妆品的原料；含有的白桦脂醇具有抗炎、抗病毒作用，山柰酚具有止咳喘、抗癫痫、解痉挛作用，柚皮素在临床上用于治疗细菌感染。

图 1-31　文冠果花

第2章　文冠果苗木繁育

第1节　实生苗培育

一、种子的检验和处理

（一）采收处理

播种前检验种子是否合格，不成熟种子湿时呈现饱满状态，不易区别好坏。好种子种仁颜色纯白色饱满，颜色发黄不饱满说明采收过早，种仁饱满发污说明采后发热变质；优质种子湿时黑色，干后呈浅灰色。方法：用红墨水浸泡文冠果种仁 15 ~ 20 min，用镊子夹出种子，观察种子染色变化，种子活力越强，颜色越浅（图 2–1）。

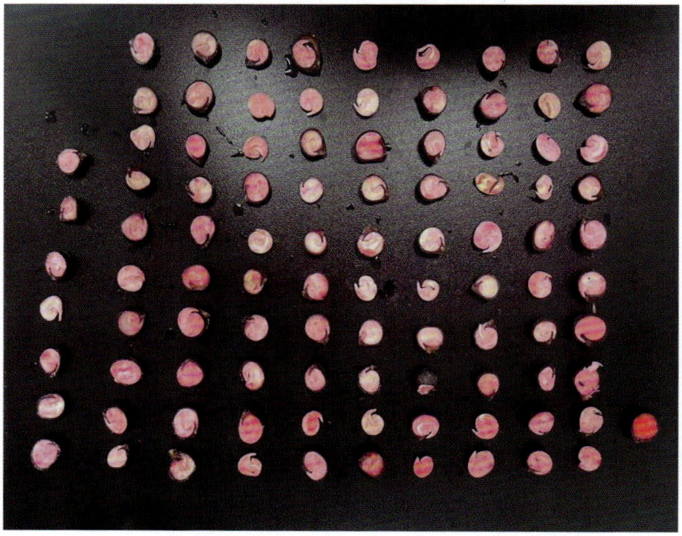

图 2–1　文冠果种子染色后颜色变化

（二）沙藏处理

文冠果种子沙藏处理的时间宜晚不宜早，因为虽然气温下降很快，但地下土壤温度仍然很高，如果处理早了，很容易上热坏种。在不影响作业的情况下沙藏处理越晚越好，提前准备储藏沙，过筛，准备好细沙备用。

选择成熟饱满的当年新种子，清水浸泡 2 ~ 3 天，每天换水 1 次，然后拌湿沙（手握成团、松手即散），沙种比 3∶1，室外沟藏 120 天左右，第 2 年春天种子萌动时播种。

沙藏沟深 1 m、宽 1 m，长度根据种子沙藏后第 2 年春天萌动出芽量而定，沟底铺湿沙，然后将种子放入沟内，最上边一层放 20 cm 湿沙保湿，放入种子过程中顺沟每隔 1 m 放一个去掉叶片的秸秆把，上边露出顶部，有利于透气散热，避免捂种。

（三）整地施肥

3 月土壤解冻后进行深翻，同时准备好种子，因为文冠果的种粒较大，播种量为 450 kg/hm^2，施入复合肥 3 750 kg/hm^2，然后灌足底水，准备播种。

（四）播种育苗

播种时间在 3 月上中旬，播种前 2 ~ 3 天将沙藏的种子筛去沙子，放在背风向阳处，用草帘盖上催芽，每天翻 2 次，保持种子湿润，有 30% 的种子露白时开始播种。

播种时，开沟后撒播或点播。播种后覆土 3 ~ 4 cm，一般每亩用种量 20 ~ 40 kg（每千克种子 700 ~ 1 000 粒），播种量要大于实际需苗量，每亩保苗 8 000 ~ 15 000 株。

文冠果种子播种出苗（图 2-2）后，要及时松土保墒，除掉杂草，除 2 ~ 3 次，等苗长到 30 cm 以上时，机械浅耕 1 次，既能盖住小草，又能起到土壤透气作用。小苗前期注意防治地下害虫（金龟子、象甲等），后期主要防治文冠果木虱等。

图 2-2　文冠果播种育苗

第 2 节　嫁接苗培育

文冠果是我国北方的乡土木本油料树种，文冠果油是我国重点发展的新型健康木本食用植物油。

结合防沙治沙，我国将文冠果作为西北部加强生态建设、发展林业产业和促进农民增收致富的重点，并将文冠果列入十大重点发展的木本油料树种之一。因此，高抗、丰产文冠果种苗是未来发展的方向。

一、露天嫁接

（一）品种选择

选择审定的优质高产稳产的新品种和良种为采穗母树。

（二）接穗采集与贮藏

接穗采集：夏季（7 月中下旬或 8 月中旬），于供嫁接品种树上采集当年生、粗度 0.6 cm 以上、长度 10 cm 以上、芽发育饱满健康、无病虫害的穗条，并做好品种标记。

春季芽体萌动前，选取枝条基径粗度 5 mm 以上、芽饱满、具顶芽、皮无损伤的枝条，用锋利剪枝剪或高枝剪剪下，剪口横截面与枝条长轴垂直，保证剪口最小；采下后挂签（每捆两签）打捆并记录，用冷藏箱保存、运输。采回后的接穗，检查每捆挂签、确保剪口整齐，若接穗失水，立即以直立方式用干净水水培 6 ~ 24 h，沥干后，每捆剪口迅速蘸加热熔化石蜡溶液，密封剪口，防止保存过程中接穗失水。接穗贮藏，采用低温库、低温窖或冰箱，温度保持在 1 ~ 5℃。整个过程中保证芽、皮不要受到损伤，采用竖立摆放，保证上半部裸露空气中。

（三）嫁接方式及定义

1. 嫩枝嫁接及方法

砧木与接穗都用当年生嫩枝的嫁接方法，技术关键为砧木与接穗枝径相等，以保证髓心形成层均要对齐。选择当年生幼苗与幼树新生枝作砧木，剪去顶梢后从中间劈开，然后剪取幼树上的嫩枝（梢）作接穗，长 3 ~ 5 cm，摘除下部嫩叶，用刀削成楔形切面（长 1.5 ~ 2 cm），保留 2 ~ 3 个芽，插入砧木切口，对准形成层并细致绑扎。砧木及接穗均处在幼嫩阶段，分生组织活跃，极易愈合，且接口牢固。但嫩枝嫩梢嫁接时气温已开始升高，嫩梢容易失水，最好是就地嫁接，选择阴天进行，并注意嫁接过程中保湿（图 2-3）。

图 2-3　嫩枝嫁接示例

2. 带木质部嵌芽接及方法

嫁接时间，春季嫁接在萌芽期与开花前；夏季嫁接选在 7 月中下旬或 8 月上中旬。接穗选择，选地径 1 ~ 2 cm 的 1 ~ 2 年生苗，直径 1 ~ 2 cm 的 1 ~ 2 年枝作砧木。

嫁接部位距地面 3 ~ 5 cm 处，在分生点枝下树干光滑处，用芽接刀在砧木无分枝处横切一刀，5 ~ 8 mm 宽，其深度刚及木质部，再于横切口中部下竖直切一刀，1.5 ~ 2 cm 长，使皮层形成“T”字形开口。

从穗条中选择充实饱满的接芽，用芽接刀在其上方约 5 mm 处横切一刀，深入木质部约 3 mm，再用刀从接芽下方约 5 mm 处及木质部向上推削至接芽上方的切口。用刀挑开砧木“T”字形切口的皮层，将接芽植入切口内，植入后要进行微调，将接芽的横切口与砧木的横切口对齐而不能暴露砧木形成层，一次性就位最为理想。接芽放妥后即用带子绑缚，绑缚时必须露出接芽。该方法虽显烦琐费时，但操作熟练后可在 1 min 内完成一株的嫁接，且嫁接成活率高，成活质量佳（图 2–4）。

图 2–4　带木质部嵌芽接示例

3. 嫁接苗的分类

根系发育 2 个生长季、嫁接枝发育 1 个生长季的嫁接苗：采用 1 年生实生苗作砧木，于当年秋季或次年春季带木质部嵌芽接培育 1 个生长季节，到第 2 年晚秋或翌年早春出圃。

根系发育 3 个生长季、嫁接枝发育 1 个生长季的嫁接苗：采用 2 年生实生苗作砧木，于当年秋季或次年春季带木质部嵌芽接培育 1 个生长季节，到第 2 年晚秋或翌年早春出圃（图 2–5）。

图 2-5 文冠果嫁接苗

4. 嫁接苗管理

（1）抹芽、除萌：嫁接后每 3 ~ 5 天检查 1 次，砧木树干、根际长出的萌枝、新芽及时抹除。

（2）检查成活与补接：嫁接后 7 ~ 10 天检查成活，如果接芽未干并具有生机的绿色，表明接芽已成活，切口已经开始产生愈合组织。若接芽变色、抽干，应立即补接。

（3）绑缚架杆：干接、高枝接、嵌芽接接穗新生枝长到 15 ~ 20 cm 时，新梢往往下垂。此时，为了防风折断接穗，将新梢、砧木用软麻绳、软布条等捆于架杆，以免新梢弯曲。架杆可用直径 1.2 ~ 1.5 cm、长 40 ~ 50 cm 的竹竿或硬木棍，砧木需要绑缚 2 道（插地架杆绑 1 道），新枝分 3 次随新梢高度陆续绑缚，第 1 次在新梢高 30 cm 多时开始，绑绳高度 12 ~ 15 cm（新梢枝即将木质化部位）。风大地区最终绑缚不少于 3 道，确保牢固。立地条件好、新生枝长势好、风大的地区，架杆宜加粗、加长。

（4）剪砧：嵌芽接应两次剪砧，春季接后 15 天确认成活，方可进行第 1 次剪砧，在接芽上方 0.6 ~ 1 cm 处将砧木枝剪掉，垂直枝条剪口，剪口用防水漆或树木愈合剂涂抹；第 2 次在接穗新梢长 15 ~ 25 cm 时，紧贴接口剪去砧木桩，剪口向接芽背面倾斜，形似马蹄形，有利于接口愈合、生长直顺，剪口用防水漆或树木愈合剂涂抹。

（5）解绑、培土：架杆绑缚后，待接穗新生枝长达到 40 cm 以上，确认木质化后，将绑砧的塑料膜，用锋利刀片纵向划开；对于地际嫁接的，划开薄膜后，待接穗与砧木愈合，将嫁接口培土，增加接穗新生枝的稳固性。

（6）整形、抹芽：暖温带地区，接穗新生枝苗生长到一定高度（40 ~ 50 cm）时剪除顶端，在 25 ~ 40 cm 促发分枝，摘心前施足肥水，对抽发的分枝，一般留分布均匀的 3 个分枝；及时抹去多余萌芽；温带地区，不进行去顶，及时抹去接穗枝萌发的新芽。

（7）嫁接后水肥管理与病虫害防治：嫁接后应对嫁接地的土壤墒情进行管理，以防止接芽在嫁接成活后却因干旱而导致死亡。接芽萌发前至 7 月下旬，每 2 个月可施腐熟液肥（磷、钾含量高的复合肥）1 次；若新梢弯曲，及时喷施磷酸二氢钾叶面肥；为了预防徒长与晚秋木质化不好，高 80 cm 以上时，择时喷洒多效唑；干旱时应注意灌水；对圃地内的杂草，应及早连根拔除，不要使用化学除草剂除草，以免伤害幼苗。在嫁接圃地进行田间管理作业时，注意对嫁接苗进行保护，防止其受到人为的损伤。

二、日光温室嫁接技术试验

为了文冠果优良品种的快速繁育，我们以 2 年生实生苗为砧木，采用 4 年生良种母株的枝条饱满芽，开展了文冠果日光温室内嫁接试验。结果表明，3 月上中旬，在日光温室内使用双舌接的方法，文冠果成活率为 93.3%，露天嫁接成活率为 76.7%，且温室内生长速率为 0.608，露天生长速率为 0.246，平均高度差值为 18.1 cm。因此，在日光温室内，通过双舌接的嫁接方法扩繁文冠果优良种苗是比较有效的手段之一。

文冠果实生苗变异大，难以保持母株优良性状，枝条扦插面临生根困难的难题，根段扦插成苗时间长，组培技术尚未成熟且成本较高，双舌嫁接愈合速度快，生长旺盛，春季、夏季、秋季均可操作，简单易行，是一种行之有效的嫁接方法。我们探索了不同生长环境条件下，采用双舌接的方法对文冠果成活率及生长速率的影响，为文冠果优良品种的快速繁殖提供了技术性的参考。

（一）材料与方法

1. 试验材料

砧木选择，以 2 年生地径 1 cm 及以上的实生苗为砧木。嫁接芽的采集，取 4 年生良种母株外围健壮枝条，粗度 0.8 ~ 1 cm，且未萌动的芽。

2. 嫁接方法

选择未来 3 天天气是晴天的时间段进行嫁接，现采现嫁接。将壁纸刀、果枝剪刀使用酒精消毒，然后在砧木上削出一个削面，深度达木质部，长 3 ~ 4.5 cm，在削面上端的 1/3 处，沿地面垂直的方向，切一个长 1 ~ 2 cm 的切口，砧木与接穗采用相同的方法。将砧木与接穗的切口对齐，两个舌片相互插入吻合，若砧木和接穗的粗度差距较大，可对准一侧的形成层，然后用塑料薄膜条包严扎紧。

3. 设计与统计

试验设计，选取日光温室内嫁接，每行嫁接 100 株，3 次重复，300 株；露天嫁接，每行嫁接 100 株，3 次重复，300 株；嫁接完成后第 20 天统计愈合成活率。

温度观测，温室和露天的温度观测都采取一天中 4 个时间点的平均值，即 3：00、9：00、14：00、21：00 的气温相加后平均，作为平均气温。

4. 试验地概况

试验地选择山东沃奇农业开发有限公司的日光温室基地，该基地所在的山东省安丘市属于暖温带季风气候，年降水量 660 mm，平均气温 12.5 ℃，平均光照 2 502.1 h，海拔 205 m，平原地形，棕色土壤，pH 6.3 ~ 7.5。

（二）结果与分析

1. 不同环境条件下文冠果嫁接成活率的比较分析

不同环境条件下文冠果嫁接成活率的差异比较（2021 年）见表 2-1。

表 2-1　不同环境条件下文冠果嫁接成活率的差异比较（2021 年）

环境条件	嫁接日期	平均温度/℃	接芽状态	调查日期	嫁接成活率/%	嫁接高度/cm
露天	3 月 12 日	8.5	冬芽饱满	4 月 2 日	76.7	10 ~ 15
温室	3 月 12 日	13.2	冬芽饱满	4 月 2 日	93.3	10 ~ 15

由表 2-1 可知，3 月中旬，在温室内文冠果双舌接的嫁接成活率要高于露天嫁接成活率。

原因分析：温室内的小气候影响了植物细胞的活性，愈伤组织的产生速度快，温室内的平均温度要显著高于露天，且气候变化受外界环境的影响较小，因此比较适合嫁接口的愈合，嫁接成活率可达 93.3%。山东省安丘市属于暖温带季风气候，露天的环境春旱多大风，有倒春寒，大风天气加速了嫁接切口处的水分蒸发，不利于嫁接切口的黏合，降低了嫁接芽对低温的抵抗能力，因此露天嫁接成活率仅为 76.7%。

2. 不同环境条件下文冠果嫁接后生长速率的比较分析

嫁接后，第 50 天测量文冠果嫁接芽生长的平均高度，结果见表 2-2。

表 2-2　不同环境条件下文冠果生长速率的差异比较（2021 年）

环境条件	调查时间	嫁接天数	平均温度/℃	平均高度/cm	生长速率/（cm·天$^{-1}$）
露天	5 月 2 日	50	11.3	12.3	0.246
温室	5 月 2 日	50	18.5	30.4	0.608

由表 2-2 可知，温室内文冠果的生长速率 0.608 cm/ 天，大于露天嫁

接的生长速率 0.246 cm/ 天，平均高度差值为 18.1 cm。

原因分析：温室内受外界风力、雨水、低温等恶劣天气影响较小，叶片生长快，且叶片比较大，光合作用强，茎秆粗壮，营养集中，夜间温度相对较高，特别是凌晨温室内的温度高，白天植物通过光合作用制造的营养会通过呼吸作用流向叶片，植株体内含有的矿物质和有机质及糖浓度低，容易吸收水分，因此造成了文冠果嫁接苗的快速生长。

（三）结论与讨论

通过上述分析，得出如下结论：山东安丘地区，3 月中旬，在日光温室内使用双舌接的方法，文冠果成活率为 93.3%，露天嫁接成活率为 76.7%，且温室内生长速率为 0.608 cm/ 天，露天生长速率为 0.246 cm/ 天，平均高度差值为 18.1 cm，整体生长性状表现良好。因此，温室内双舌接的嫁接方法是扩繁文冠果优良种苗的有效手段之一。嫁接时间的选择与枝条的生理状态密切相关，温度影响形成层细胞的活性及愈伤组织产生的快慢。温室内嫁接能够规避大风、低温、降雨等恶劣天气，降低了文冠果嫁接后接口不愈合的风险，从而提高了嫁接成活率。

露天嫁接，还需采用绑缚架杆、短截等手段，在整个生长过程中需要多次进行疏枝、短截、病虫害防治，增加了劳动成本，且嫁接成活率偏低，植株商品性状不好，影响销售。嫁接过程中，缠膜方式对嫁接成活率也有影响，自下而上覆瓦状缠绕（图 2–6），上面接膜压着下面的，雨季切口处不易进水，但在温室内嫁接，可成功规避这一操作方式，从而提高嫁接效率，降低劳动成本。

图 2–6　覆瓦状缠膜

三、文冠果嵌芽接成活率的影响试验

文冠果（图 2–7）单位面积产量较低，自交不亲和，开发利用受到极大制约。筛选良种并进行快速扩繁是提高产量和经济效益的关键。实生播种苗变异大，难以保持母株优良性状，枝条扦插生根困难，根段扦插成苗时间长，组培技术烦琐且成本较高，分蘖繁殖太慢。

图 2-7 文冠果果实

嵌芽嫁接对皮层分离要求不严格，受季节限制少，春、夏、秋三季均可操作，方便易行，不失为一种行之有效的好方法。

（一）试验地概况

试验地设置在山东沃奇农业开发有限公司位于山东省安丘市的石堆基地，为暖温带季风气候，年降水量 660 mm，平均气温 12.5℃，平均光照 2 502.1 h，海拔 205 m，平原地形，棕色土壤，pH6.3 ~ 7.5。

（二）材料与方法

1. 试验材料

砧木选择，以 1 年生地径 0.8 cm 以上的播种苗为砧木。采集接芽，取自 5 年生良种母株尚未萌发的外围健壮枝条，接芽饱满，无病虫害。

2. 嫁接方法

接穗现采现接，选择晴天嫁接，先用干净锋利的壁纸刀在侧芽下方 1.5 cm 处，以 45° 角斜切入木质部，在侧芽上方 1 ~ 1.2 cm 处向下斜切至切口，摘取带木质部的盾形芽片，不可用手触及芽片的剖面。砧木的处理方法同嵌芽削法，尽量做到切口稍比嵌芽大一点，切口距地面 40 cm 处，嵌合绑膜，将盾形芽片嵌入砧木切口，至少对齐一侧形成层，芽片上端露出一圈，用白色薄膜缠绕芽眼处绑一层即可。

3. 试验设计与统计

试验设计为随机区组设计，随机选取嫁接行，每行嫁接 100 株，3 次重复，45 天后统计成活率。试验分别于 2017 年和 2018 年开展。先筛选最佳时间，在此基础上筛选最优处理方式。温度观测，温度观测采取 4 个定时平均法。即采用一天中 2∶00、8∶00、14∶00、20∶00，4 个时刻的气温相加后平均作为一天的平均气温。

4. 统计分析

试验数据采用 SPASS10 软件单因素方差分析，计算 *P* 值，采用 LSD 法进行多重比较进行数据分析。

（三）结果与分析

1. 不同嫁接时间对嵌芽嫁接成活率影响

嫁接时间的选择与枝条的生理状态密切相关，温度影响形成层细胞的活性及愈伤组织产生的快慢。

不同嫁接时间对嵌芽嫁接成活率的影响见表 2–3。

表 2–3　不同嫁接时间对嵌芽嫁接成活率的影响

嫁接时间	日均温 /℃	接芽状态	嫁接成活率 /%
3 月 18 日	8.5	冬芽饱满	80.7 ab
7 月 26 日	27.0	夏芽欠饱满	60.3 c
8 月 25 日	24.5	秋芽饱满	86.0 a
9 月 18 日	20.0	秋芽饱满	76.3 b

注：不同小写字母代表差异显著（$P < 0.05$）。

由表 2–3 可知，8 月下旬嵌芽嫁接成活率显著优于 7 月下旬和 9 月中旬，比 3 月中旬高 5.3 个百分点，二者差异不显著。7 月下旬嫁接成活率最低，只有 60.3%，因此在 2018 年的嫁接试验中选择在 8 月下旬进行。

造成不同月份嫁接成活率差异的原因是，8 月下旬山东雨季接近尾声，温、湿度适宜，热量充沛，砧木枝条发育健壮，接芽充实饱满，愈合速度最快。3 月 18 日气温开始回升，蒸发加速，愈合耗时长达 30 天。山东安丘是温带季风气候，春旱多大风，有倒春寒，天气多变，大风天气加速了接穗和砧木切口处的水分蒸发，不利于伤口愈合，倒春寒降低了接芽对低温的抵抗能力，有的接芽前期已经成活但后期失水干枯。因此，春季的芽

接成活率反而不及 8 月下旬。

而 7 月 25 日山东地区正值雨季，连续阴雨，空气湿度大，切口容易积水，高温、高湿使切口处有害细菌大量繁殖，嵌芽腐烂。7 月下旬正值安丘山地文冠果果实采摘期，营养集中在果实上，根系吸收的养分和叶片制造的光合产物多集中在果实上，芽体并不太饱满，影响了抗逆条件，脱离母体本身的营养供应，导致成活率下降。9 月中旬，气温开始下降，昼夜温差增大，愈合速度较 8 月下旬明显下降，加之来年春天揭膜，冬季嵌芽要应对低温和冷风的侵袭，本身及砧木枝条的抗性也影响到了嫁接成活率。

2. 砧木切口不同位置对嵌芽嫁接成活率影响

试验发现，强光条件下，愈伤组织呈浅绿色，量少且坚硬，愈合较慢；弱光下，嫁接到枝条北面的嵌芽愈伤组织在显微镜下观察，细胞排列疏松，体积较大，而南面的则相对较小，排列紧密，说明处于分裂状态的细胞数量较少。建议切口选择在砧木的背光面，必要时做遮光处理，提升愈合速度。背光的北面切口愈伤组织白色，幼嫩，愈合快，而正南面的则呈现浅绿色，硬，愈合慢，北面切口的嫁接成活率显著高于正南面。西南与东南接受散射光较多，愈伤组织呈浅黄色，两者与正南面切口嫁接效果差异不显著。总体而言，北面切口的嫁接效果最好（表 2–4）。

表 2–4 切口位置对嵌芽嫁接成活率的影响

切口位置	愈合情况	嫁接成活率 /%
西南	浅黄色，硬，愈合慢	77.3 ab
东南	浅黄色，硬，愈合慢	77.7 ab
正南	浅绿色，硬，愈合慢	75.3 b
正北	白色，幼嫩，愈合快	82.7 a

注：不同小写字母代表差异显著（$P < 0.05$）。

3. 缠膜方法对嵌芽嫁接成活率的影响

生长季节雨水是否浸入与不同的缠膜方式有关，切口处的湿度影响愈伤组织的形成。缠膜方式对嵌芽嫁接成活率的影响见表 2–5。

表 2–5 缠膜方式对嵌芽嫁接成活率的影响

缠膜方式	接芽长势	嫁接成活率 /%
自上而下	进水污染	差 65.3 b
覆瓦状自下而上	良好	高 85.7 a
双向交叉缠	良好	中 87.3 a

注：不同小写字母代表差异显著（$P < 0.05$）。

由表 2–5 可知，采用自上而下的绑膜方式，雨水容易进入，接口处湿度过大，缺乏氧气，有害菌繁殖迅速，嵌芽易泥烂，嫁接失败；覆瓦状自下而上缠绕，上面压着下面的，切口处不易积水，空气未隔绝，愈伤组织生长正常；双向交叉缠绕，成活率与覆瓦状缠绕差异不显著，但操作麻烦费时，降低了工作效率。生产中采用覆瓦状自下而上缠绕就能收到很好的效果。

4. 不同砧木处理对嵌芽嫁接成活率比较

根系吸收水分、矿物质，与叶片制造光合产物，折而不断，砧木切口上方的枝叶制造的光合产物有一部分会参与切口细胞的生理代谢，下面的根系为切口愈伤组织提供水分、矿物元素，双向供应营养。接后砧木处理对嵌芽嫁接成活率的影响见表 2-6。

表 2-6　接后砧木处理对嵌芽嫁接成活率的影响

处理方式	当年嫁接成活率 /%	当年萌发状况
折断下不留叶	89.3 ab	未萌
折断下留叶	91.3 a	未萌
直剪下不留叶	82.7 b	萌发
直剪下留叶	88.3 ab	萌发
未做处理 CK	73.7 c	未萌

注：不同小写字母代表差异显著（$P < 0.05$）。

由表 2-6 可知，处理砧木的成活率显著优于不处理的成活率，折断与直剪处理差异不显著。未做处理的生根率只有 73.7%，相比较直接剪去接口上端枝条的处理，其冬季并不萌发，保证了来年嫁接苗的长势。折断下留叶成活率比折断下不留叶成活率高 2%，差异不显著，冬季不萌发。从这个角度来说，折断不留叶处理最好，嫁接成活率高达 90% 以上，而且冬季不萌发。直接剪断后上面没有枝叶供应光合营养，只有根系吸收地下营养，较折而未断的处理愈合时间延长，嫁接成活率下降。未处理的考虑到顶端优势，根系吸收的养分绝大部分被顶端消耗，供给切口处的养分减少，而砧木切口处的枝叶会抽生水分和营养，切口愈伤处的细胞在养分获取的竞争中处于劣势，嫁接成活率最低。接后 30 天内的天气，尤其是前15天的天气多变，嫁接人员技术水平有关，砧木实生苗起垄栽植，或嫁接成活后设计好株行距定植移栽于垄上，垄高20 cm，提温快，根系呼吸旺盛，生根迅速，植株地上部分生长量大。折断下不留叶和折断下留叶嫁接成活率差异不显著。折断后上面保留的叶片足以供应嵌芽愈合所需能量，直接剪掉下面保留两片叶的，既有根系提供的来自土壤中的营养元素，又有叶片光合作用产生的营养，双向供应，愈合速度快，揭膜后成长旺盛；直剪下不留叶的营养供应单一，愈合慢。

（四）讨论与结论

春季树液向上流动，秋季养分向下储藏，这两季是形成层活跃时期，嫁接成活率较高。春分前后嫁接，若嫁接失败还可秋季补接，保证了成苗率，7月正值山东雨季，嫁接后注意天气变化，套袋处理可提升成活率，雨季天气多变，空气湿度大，土壤湿度大，砧木本身肉质根的抗性也影响嫁接成活率。9月中下旬养分开始回流，即使嫁接成活也要面对寒冬逆境。8月底，山东雨季行将结束，温度、热量适宜嫁接，秋末砧木增施有机肥和树干涂白，嵌芽冬季抗逆性进一步增强。杨素芝等则认为6月和7月贴片芽嫁接成活率最高，这可能与不同地区的物候、枝条生理状态相关。

缠膜后在黑暗条件下愈伤组织产生较快，强光直射延缓了愈合速度，在砧木背光面切口嫁接成活还有一个好处，即冬季树干接芽没有阳光直射，昼夜温差小，接芽处在相对稳定的环境下，有利于来年接芽的生长。自下而上覆瓦状缠绕，上面接膜压着下面的，雨季切口处不易进水，氧气可以进入，愈伤组织可生长正常。双向交叉缠绕，能保证成活率，但费工费力。考虑到其与覆瓦状缠绕成活率差异不显著，建议在生产中采用自下而上覆瓦状缠膜方式。与对照组相比，折断或剪去接芽上端的枝条嫁接成活率显著优于未做处理的对照组枝条。但直接剪掉后接芽在营养代谢中失去制衡，秋末萌发，其抗性下降，这对砧木和接芽越冬极为不利。从嫁接苗可持续发展角度讲，优先选择折断砧木。

文冠果的嵌芽接对皮层分离要求不高，基本上一年四季都可进行，操作相对简便，是苗圃采用最多的嫁接方法。而用同样的手法，在相同的环境和生理条件下，文冠果嫁接成活率却有差异。这可能与文冠果不同品种间的砧木与接穗的亲和性密切相关，这种现象在苹果和桃等果树上表现得比较明显。

8月下旬在砧木背光面嫁接带木质部的饱满芽，覆瓦状自下而上缠膜，接后折断砧木上部枝条，嵌芽最易成活，成活率高达85%。为使嫁接苗正常生长发育，还需进行砧木除萌、立支架、叶面喷肥、浇灌及木虱防治等工作。

第3节　扦插育苗

文冠果多为异交，种子实生苗性状不稳定，无法保证优良种质的优良性状。因此，依靠成熟的文冠果无性繁殖技术，在大面积推广文冠果种植过程中利用无性繁殖苗造林，其低产问题才能获得有效突破。扦插育苗（图2-8）能保证文冠果母本优良性状，可以在短时间内快速繁殖苗木，节省大量的种子和土地资源。

图2-8　文冠果扦插容器苗

文冠果扦插用穗长 13 ~ 15 cm、带 2 ~ 3 片叶，插前用浓度为 250 mg/L 的吲哚丁酸溶液（IBA 溶液）处理，嫩枝扦插文冠果成活率可达 41.2%（赵国锦和戴双，2006）；用浓度为 500 mg/L 的 IBA 处理插穗，愈伤组织增加，在 35 天时有少量的不定根形成（刘毓等，2013）；1 年生实生苗下部硬枝，经 500 mg/L 的 IBA 溶液处理后插穗生根率达 65.4%（宗建伟等，2012）；随母株年龄的增大，硬枝扦插的生根率和苗生长量、根数、地径都会下降（康国生和马明呈，2008）。而使用浓度为 100 mg/L 和 300 mg/L 的 IBA 溶液、100 mg/L 的 ABT 6 号生根粉处理硬枝后，文冠果平均成苗率为 33.22%（莫保儒等，2014）；插根长度 10 cm，扦插时用浓度均为 250 mg/L 的萘乙酸（NAA）、IBA 或 ABT 溶液处理插穗基部 30 s，生根率可达 92% 左右，平均成活率达 82.9%（赵国锦和戴双，2006）。

到目前为止，应用于造林的文冠果种苗绝大部分为种子实生苗，未见组培苗和扦插苗的种植和推广应用，其主要原因仍是文冠果生根率低、成苗率更低。研究验证了上述大部分插穗处理方法，获得扦插生根率均介于 20% ~ 30%，在自然条件下的成苗率不足 20%。

附：

阮成江团队文冠果丰产栽培管理技术——扦插技术方法

步骤 1：选择文冠果优良种质，截除枝干、整株罩袋遮光，进行黄化处理。罩袋遮光的袋子为不透明遮光袋，且下部着地用土覆盖，保证不透光。

步骤 2：分别采集黄化处理 70 天、80 天、90 天后的嫩枝。

步骤 3：修剪黄化嫩枝，制备插穗条，并使用不同浓度的 IBA 处理插穗。

步骤 4：扦插经步骤 3 处理的插穗，将插穗在全光照喷雾扦插苗床上培养管理。

步骤 5：扦插 90 天后统计插穗的生根情况，并统计生根率。所述的生根情况包括生根插穗数、根系数量、插穗长度、根系长度。

步骤 6：扦插 110 天后采用简易大棚（图 2–9）进行延长生长期处理。简易大棚的中高为 2 ~ 3 m。

图 2–9　利用拱棚生产培育文冠果苗

步骤 7：扦插 280 天后统计插穗的成苗情况并统计成苗率，所述的成苗情况包括苗高、地径。

以步骤 5 得到的最佳生根率和步骤 7 的最佳成苗率，建立一种通过“最佳黄化处理天数 + 最佳吲哚乙酸浓度 + 全光照喷雾 + 简易大棚”促进文冠果嫩枝扦插生根和成苗的方法。

所述的最佳黄化处理天数为 80 天，最佳吲哚乙酸浓度为 5 000 mg/L。

步骤 3 所述的插穗长度为 7 ~ 10 cm，带 5 ~ 6 片叶；所述吲哚乙酸浓度分别为 0、1 000 mg/L、3 000 mg/L、5 000 mg/L、7 000 mg/L；使用吲哚乙酸处理插穗的时间为 15 ~ 20 s。

所述步骤 4 扦插基质为河沙，扦插苗床宽度为 1 m，两苗床间的步道宽 40 cm。

全光照喷雾扦插苗床上培养管理方式中，扦插后立即喷水，使叶面保持一层水膜。扦插初期，每 5 min 喷 1 次水，每次喷水 45 s；扦插后 29 ~ 31 天，插穗开始大量产生愈伤组织，喷水间隔时间延至 10 min，每次喷水 45 s；扦插后 50 天，插穗开始在愈伤组织处生根，喷水间隔时间延至 20 min，每次喷水 1 min；100 天后，新生根系已很发达，为锻炼苗木，减少喷水，每天 3 ~ 4 次，每次喷水 3 min 即可。注意，阴雨天可不喷水或少喷水。为了增加营养，使扦插苗生长健壮，在插穗生根后，每周喷一次 0.5% 的尿素液。

本技术对截除枝干文冠果进行黄化处理，用不同浓度的 IBA 溶液处理后，全光照喷雾扦插苗床上培养管理下扦插生根，并运用简易大棚进行加温延长生长期处理。获得的最佳黄化处理天数为 80 天、最优 IB 溶液浓度为 5 000 mg/L，经全光照喷雾和简易大棚处理后，文冠果嫩枝插穗生根率达 86.7%、成苗率达 88.7%。该技术的应用和推广将为大面积种植文冠果急需无性繁殖的优良种苗提供技术基础。

第 4 节　组培育苗

植物组织培养是以植物细胞培养技术为前提的一项生物技术，是快速繁殖植物新品种的重要技术。它起始于 20 世纪 30 年代，经历 30 多年的基础研究和技术完善，于 20 世纪 60 年代形成商业性产业，得到了广泛应用。20 世纪 80 年代，组培快繁已被认为是能够带来全球经济利益的产业，全世界组培苗的年产量从 1985 年的 1.3 亿株猛增到 1991 年的 5.13 亿株，现在已超过 100 亿株。由于组培苗越来越多地被生产者接受，导致组培新公司的诞生就像它们繁殖的植株数量一样以指数增长。据估计，目前全球有关生物技术产业的年交易额约为 1 500 亿美元，其中 50% ~ 60% 与农业有关。植物组培苗的贸易额约占总额的 10%，即 150 亿美元，并以每年 15% 的速度递增。

植物组织培养（广义上的概念）又称离体培养，是指从植物体分离出符合需要的组织、器官或细胞、原生质体等，通过无菌操作，在人工控制条件下进行培养，以获得再生的完整植株或生产具有经济价值的其他产品的技术。植物组织培养（狭义上的概念）是指用植物各部分组织，如形成层、薄壁组织、叶肉组织、胚乳等进行培养获得再生植株，也指在培养过程中从各器官上产生愈伤组织的培养，愈伤组织再经过再分化形成再生植物。

文冠果野生状态产量低，且存在明显的大小年结实现象。此外，种子的低发芽率也使得文冠果难以大规模种植，制约着文冠果行业的发展。为了提高文冠果果实产量和规模化推广文冠果优质种质资源，文冠果种苗的组织培养逐渐进入人们的视野。

在文冠果组织培养方面，已经采用叶片、茎段、叶芽、种胚等诱导不定芽，但生根率较低，生根较困难，且成苗率低，到目前为止，仍未见

有工厂化育苗的报道。目前，文冠果组织培养常以 MS 培养基为基础培养基，配比不同种类和浓度的植物生长调节剂。常见植物生长调节剂的种类和使用浓度见表 2–7。

表 2–7　常见植物生长调节剂的种类和使用浓度

类别	种类	常用浓度 /（mg·L^{-1}）
细胞分裂素	6–BA	0.1 ~ 0.2
	KT	0.05 ~ 2.0
	ZT	0.05 ~ 2.0
	TDZ	0.01 ~ 0.05
生长素	IAA	0.1 ~ 1.0
	IBA	0.05 ~ 1.0
	NAA	0.01 ~ 0.5
	2，4–D	0.01 ~ 2.0
赤霉素	GA3	0.01 ~ 0.5

一、外植体的选择

在文冠果的营养器官中，茎段因有自身已分化的芽而在取材、外植体消毒和成苗时间等方面均有着独一无二的明显优势，因此，在选取组培苗初代培养的外植体时应该首先考虑茎段。大量研究表明，侧芽萌发能力的大小受茎段木质化程度的影响，一般情况下都会优先选取带腋芽的生长情况较好、性状稳定的幼嫩茎段作为外植体，这对于后续组培苗的诱导和优良性状的繁育有着较好的促进作用。此外，文冠果幼叶也可作为初代培养的外植体，诱导愈伤组织形成从而生长成完整的组培苗。

二、消毒处理

外植体先用 1% 洗涤剂清洗浸泡 15 min，装入瓶中，瓶口盖上纱布，在流水下冲洗 1 h。然后用 75% 酒精溶液消毒 10 ~ 40 s，无菌水冲洗 3 次，再用 0.1% 氯化汞溶液消毒 3 ~ 8 min，无菌水冲洗 5 ~ 7 次，将长茎段剪成带有 1 ~ 2 个腋芽的 1.5 cm 左右的茎段。

三、初代培养

初代培养基通常以 MS 培养基为基础培养基，配以不同浓度的 6-BA 和 NAA。将消毒后的外植体接种到初代培养基上，放到培养室中进行培养，培养室中白天温度（26 ± 2）℃，夜间温度（20 ± 2）℃，光照时间 16 h，光源采用白炽日光灯。接种后 10 天左右形成愈伤团，30 天左右产生不定芽（图 2-10）。

愈伤团　　　　不定芽

图 2-10　外植体初代培养情况

四、继代培养

形成不定芽后，将外植体转接到继代培养基中，继代培养基一般以 MS 培养基为基础培养基，配以不同浓度的 6-BA、NAA 和 IBA。培养过程中，以散射光为最好，这样芽体粗壮，过强直射光苗易老化，过弱的光芽易徒长，芽体细弱，易玻璃化，培养 20 天左右可以形成丛生芽（图 2-11）。

图 2-11　不定芽形成丛生芽

五、生根培养

将继代苗中较粗壮、木质化较好的单芽切下，接入生根培养基上，余下的绿芽接入继代培养基上。生根培养基以 1/2MS 为主，先暗培养 5 ~ 7 天，然后每天光培养 16 h，暗培养 8 h，培养 10 ~ 15 天即可生根（图 2-12）。

图 2-12　继代苗产生不定根

六、炼苗与移栽

将生根的试管苗移到遮阳度为 50% 的自然条件下炼苗 15 ~ 20 天，取出组培苗，用自来水冲洗干净基部的培养基，放入 0.1 ~ 0.5 g/L 的高锰酸钾溶液中浸泡 1 ~ 3 min，再用自来水冲洗 1 遍，盖上湿毛巾保湿以备移栽。移栽后及时淋透定根水。并盖上塑料薄膜（图 2-13）。1 周后逐渐打开塑料薄膜，同时注意温度湿度的控制，当小苗长至 15 cm 即可出圃大田造林或培植为采穗母株（图 2-14）。

图 2-13 组培苗驯化

图 2-14 组培苗移栽

第 5 节 苗木出圃

一、出圃标准及分级

Ⅰ级苗：地径 0.8 cm 以上，苗高 70 cm 以上，树干通直，顶芽饱满，根系发达，侧根数 8 以上。

Ⅱ级苗：地径 0.50 ~ 0.79 cm，苗高 50 ~ 69 cm，树干通直，顶芽饱满，根系发达，侧根数 5 以上。

二、出圃时间

Ⅰ级和Ⅱ级苗直接出圃，用机械单犁起苗，尽量少伤根系，起苗后尽量缩短根系暴露时间。若当天不能完成栽植，剩余苗木最好临时假植以保护根系。苗木若需长距离运输，应尽快装车，装好后用防雨布盖严绑好，以防风保湿，随栽随取。运到地点后来不及栽植的，进行假植。

在确定起苗时间时，一般习惯于先确定起苗季节，生产上常见的起苗季节为春季、秋季和雨季。

春季起苗，当土壤解冻后立即起苗，苗木一般都具有较强的根生长潜力和抗逆性。春季随起苗随栽植，不仅可以提高栽植成活率，而且还可以省去假植工序。

秋季起苗有两种情况：一种是随起苗随栽植；另一种是将起出的苗木进行储藏，等到翌年春天再栽植，这有利于保护越冬，并人为控制苗木在春天的萌动期，可适当延迟地上部分的萌发，有利于提高栽植成活率。

雨季造林，对于我国很多季节性干旱严重的地区，春秋两季的降水较少，土壤含水量低，不利于一些树种苗木造林成活。而采用雨季造林，土壤墒情好，苗木成活有保证，所以雨季起苗移栽。天气条件也是影响起苗时间的重要因素。最好选择在无风的阴天起苗。而同一天内不同时间起苗，其结果也是不同的，一天内从 22：00 以后到翌日清晨 6：00 这段时间范围内起苗较好，可以避免日晒导致苗木失水。

三、出圃方法

起苗时土壤水分含量不宜过高或过低，当土壤含水量为其饱和含水量的 60% 时，土壤耕作阻力较小，起苗较容易。所以，在苗圃地土壤干燥时，应在起苗前 1 周适当灌水，使土壤湿润，并且不要在土壤冻结情况下起苗，以免根系损伤严重。

四、苗木消毒及运输

运输之前，用 1% 的高锰酸钾水溶液进行全面消毒，同时用封闭式厢货车进行运输，做到全程避免风干和失水，保持苗木的活力。

五、苗木假植

临时假植，就是栽植时间不长的假植方法。这种方法适用于假植时间短的苗木。选用这种方法时应注意两点：假植应选择背阴、排水良好的地方挖假植沟。沟一般深和宽各为 30 ~ 50 cm，长度按照苗木多少而定。把苗木成捆排列于沟内，用湿土或者湿沙仔细覆盖根系和苗茎下部并踩实土壤，防止透风失水。

越冬假植，适用于秋季起苗的时候。越冬假植也需要注意两点：在土壤冻结之前选择排水良好、背阴、背风的地方挖一条与当地主风向垂直的沟。沟的规格根据苗木大小挖掘。假植 1 年生苗木沟深宽为 30 ~ 50 cm。挖沟的时候要注意，迎风面的沟壁做成坡度为 45° 的斜壁，然后将苗木单株均匀排在斜壁上，使苗木根系在沟内能够舒展，再用土盖严踩实。

苗木假植注意事项：假植沟应挖在背风、背阴的地方。选择背风地是为了防止抽条；选择背阴地势，防止春季栽植前发芽影响成活率。此外，沟应选择地势高、排水良好的地方，以防止秋冬季节降水时积水。根系覆土不能太厚也不能太薄。太厚不仅费工夫，还容易上热，导致苗木根部发霉腐烂；太薄则起不到保湿保温的作用。一般覆土厚度保持在 20 cm 左右即可。沟内土壤湿度以其最大持水量的 60% 最佳，就是手握能成团松开就能散。土壤过干时可以适量浇水但不能太多，以防苗根腐烂。边起苗边假植，减少苗木根系在空气中的裸露时间，可保持根系中的水分，覆土后及时灌透水。灌水时可随水浇灌生根液和多菌灵、复硝酚钠，促进根系萌生和防治烂根。

六、苗木检疫

苗木检疫证明需到当地的林业部门办理。在办理申请时需要携带县级森林病虫防治检疫站出具的应施检疫的植物、植物产品的“产地检疫合格证”，申请单位法人证书、身份证复印件，以及申请人提供的货物名称、包装、产地、收货单位、起运地点、运往地点等基本情况的书面材料。

第3章　文冠果建园

第1节　文冠果果园营建技术

一、园地规划设计

一般科学规划设计中对工作的每一流程都有规定，一份好的科学的造林规划设计，同时要具备内容和时间上的可行性。因此，规划设计中应明确规划备耕、苗木假植、造林等各个工序所需的工作时间，以确保有足够的时间做好准备工作，完成任务并保证造林质量。

为造林规划设计进行的调查还应把社会经济因素作为重要内容。调查内容包括当地的农田和林业用地面积、劳动力水平、经济发展水平、社会经济发展情况、交通区位优势对发展林业的利弊、林产品需求和市场情况（包括省内、国内以及国际市场的需求情况），以及当地发展该产业所具备的技术状况和经营水平等。具体调查因子的广度与深度因当地条件而异。

造林规划相当于造林总体设计，应由专业的调查设计队伍负责作业设计问题，及时编制造林典型设计和造林作业设计。造林作业设计需要把造林任务与技术要求落到小区，它既是具体施工依据，对保证造林工程质量非常重要，又是检查验收的依据。根据自然环境和地势情况，因地制宜地把林地区划为若干作业区，每个作业区面积以 5 000 亩左右为宜。再根据地形地貌区划为若干小区，每个小区面积 100 ~ 200 亩，便于机械作业和经营管理。小区之间要开设 6 ~ 8 m 的作业道，便于车辆和机具的通行。

规划设计是指对文冠果项目进行较具体的规划或总体设计，需综合考虑政治、经济、历史、文化、民俗、地理、气候、交通等多项因素，完善设计方案，提出规划预期、愿景、发展方式及发展方向及控制指标等理论内容。

（一）规划目标

一是建成文冠果集约型、高科技示范型的高产稳产产业园。二是体现自然生态营造与林业生态环境建设成果，打造集文冠果自然景观展示、科普教育、科学研究、产品开发、旅游休闲于一体的生态林地。

（二）规划原则

1. 示范性

利用最先进的文冠果科技成果，将规划区域打造成高产稳产的生态产业示范区。

2. 生态性

遵循自然环境规律，充分利用自然本体空间条件，通过适当人工干预，优化生态林业格局。

（三）文冠果生产的项目分解

主要包括以下四个方面：一是以文冠果种苗繁育生产为主的林业科技产业项目。二是以大面积造林形成文冠果原料林收集为主的种植项目。三是将文冠果深加工为商品或化工原料的工业项目。四是科研、试验田、销售、运输、管理、信息服务、生活服务项目。

（四）总体规划

1. 深入调研

在勘察中要深入实际，做好调查研究，掌握第一手资料。针对每块荒地、隙地、每条路、每道渠，都要实地踏勘，详细调查地形、地貌、坡度、坡位、坡向、土壤质地、土壤厚度、pH、地下水位、前茬作物、植被情况、气候条件、水文特征等单项因子，确保自然情况清晰、数据准确、图测精准，从而确定好种植密度、方法、技术要求，使设计文件、图面材料建立在可靠的实际材料和有关数据的基础上，为文冠果造林规划设计提供各项自然因子。自然条件是确定文冠果造林的重要依据，必须把造林区域及其各局部作为生态总体来研究，明确其在大的自然生态区域中的位置及环境特点，以便预测其造林后可能出现的变化，从而制定合理的规划方案。

2. 社会经济因素

调查内容包括当地的农田和林业用地面积、劳动力水平、经济发展水平、社会经济发展对林业发展的利弊、文冠果林产品需求及市场情况（包括省内、国内以及国际市场的需求情况），以及当地发展该产业所具备的技术状况和经营水平等。具体调查因子广度与调查深度因当地条件而异。

3. 编制文冠果产业发展长远规划和造林、绿化规划

根据《中华人民共和国森林法》的规定编制森林经营方案。其内容包括当地文冠果生产和建设的全部内容，相当于造林总体设计。应注重文冠果种苗本土化，尽量在本地区选取和培育，减少长途调运文冠果种苗的频率和数量，严格控制跨地区、跨生境采挖或移植文冠果，特别是要防止

大树移植、南树北调。本地区采收的文冠果种子或培育的文冠果苗木，已经过一定的耐性、抗性考验，播种或栽植后能尽快融入当地的生态系统之中，林木生长旺盛，性状良好，对病虫害也能表现出较强的抵御能力。

4. 编制文冠果造林作业设计

营造文冠果林的技术措施包括采种、育苗技术、林地清理方式、整地方式及规格、苗木品质要求、造林密度、造林季节、验收标准、育苗技术、林地清理方式、造林方式、施肥种类及数量、幼林抚育次数、时间及方式等。附属配套设施包括办公区、道路、护林房、宣传标牌、停车场和观摩台等。

5. 文冠果造林投资概算

包括造林种苗量、清理费、整地费、造林费、施肥费、幼林抚育费等，以及编制造林投资概算报表、种苗量统计报表、造林投资概算报表、种苗量统计报表及各树种造林图式等。

在文冠果园的设计中，要确保技术上先进，经济上合理，达到生物与经济兼顾。根据国家需要与现实条件，尽量采用先进技术和集约经营手段，设计出来的图、表、文字材料，既要大众化，又要有科学性，要通俗易懂，简明扼要，便于广大人民群众掌握和利用。

二、整地和土壤改良

在进行文冠果的建园过程中，需要注意土壤的整地和改良工作。为营造适宜文冠果生长的土壤条件，可综合运用开沟排水、平整地表、抬田起垄等整地方式，结合土壤施肥等来改良土壤，保证土壤的养分充足、排水良好，有利于文冠果的生长。

（一）整地

文冠果造林地的整理是在造林前改善环境条件的一道主要工序。通过整地，可以改善造林的立地条件，清除灌木、杂草和采伐剩余物。整地可以使造林前后的一段时间里，直接投射到地面的透光度增加；同时，通过改变小地形，可灵活调节透光度。整地清除了地表植被，增加透光度，因而在白天地表层的温度要比有植被覆盖时上升得快，整地后改变了土壤物理性，使土壤温度状况发生变化。整地还能调节土壤水分状况，只要整地方法得当，季节适宜，可以有效改善干旱、半干旱地区造林地墒情，使有多余水分的低湿地水分排出。

整地改变了土壤水分、温度和通气状况，有利于土壤微生物活动，加速营养物质的分解，促进可溶性盐类的释放和各种营养元素有效化。整地还可以加快腐殖质及生物残体分解，增加土壤养分的转化和积蓄，提高造林成活率，显著改善幼林的生长情况。整地还能保持水土、减少土壤侵蚀，同时也有利于造林施工，提高造林质量。

造林整地可以疏松土壤，消灭杂草，改善土壤结构，疏松土壤，消灭杂草，增加土壤肥力，调节光照、温度、水分、养分和空气等条件，有效地拦截降水，控制水分流失，减少水分的蒸发和蒸腾，从而达到蓄水保墒、提高土壤含水量、改变干旱状况的目的。提高造林成活率，促进幼树生长。整地又可以排除过多的土壤水分，减轻土壤盐渍化程度，改善土壤通气条件，并加速土壤矿物质风化，增厚活土层，从而提高土壤养分。

无论造林地前期种植何种植物，都要在整地翻垦土壤前进行全面彻底的清理，把种植地上生长的小乔木、灌木、杂草、藤蔓以及前作物等进行割除、火烧清理，同时将于地上遗留的倒木、根桩、残根、枝丫、树叶等其他障碍物等清除掉，整地时将草皮、土块打碎，拣出石块。整地一定要保证质量，使地面清洁平整便于施工作业。山地带状整地要沿等高线翻耕，穴状整地要根据设计的株行距，先定点再整地，做到造林后株行整齐。一定要回填细土，水土流失严重的地方，要在穴的下方垒拦水埂。

整地方式分为全面整地和局部整地。整地时间在造林前的 1 个季度至半年进行，提前 1 年进行整地效果更好。

1. 全面整地

适用于地势平坦、土层深厚、质地疏松、杂草多的土地（图 3-1）。平原地区或山区坡度在 8° 以下的地块，在秋冬季节翻垦全部土壤，采用机械全面深翻，翻耕深度为 25 cm 以上，经过冬季的冻融风化后，春天及时耙压，土地整平后再造林。应增设水土保护措施，防止水土流失。低洼易涝地或盐碱地，要挖排水沟，修筑台田。沟宽 1 ~ 2 m，深 1 m，台面宽 2 ~ 5 m。要依行距确定沟间距离。

图 3-1　全面整地

2. 局部整地

山地丘陵区的旱坡地是典型的瘠薄土地。该地域干旱缺水，漏水、漏土、漏肥严重，耕作较粗放，文冠果产量较低，人工造林成活率和保存率只有 30% 左右。对于这种类型的土地，探索一种简便的旱坡地耕作法，能够省时省力方便操作，达到其丰产的作用（图 3-2）。

（1）水平阶整地：坡度 10° ~ 25° 以上时，沿等高线将坡面修筑成台阶状的台地。台面外高里低，以增加蓄水，减少流失。按 1 : 1 ~ 1 : 4 的阶面面积与坡面面积之比自上而下内切外垫，阶面水平或稍向内倾斜，有较小的反坡，断续水平阶，实际相当于窄式隔坡梯田。阶面以 0.5 ~ 0.8 m 为宜，阶长视地形而定，一般为 2 ~ 30 m。按照自上而下的顺序修造各个水平阶面，生土筑埂，表土填坑，集中条施肥料于沟中，最后平刮一锨熟土覆盖肥料，人工用铁锹由外向内楼土，将阶面整成里低外高的倒水平台阶，阶边拍实，阶面耙平。水平阶内侧可开挖成深度 0.2 m 的排水沟。

图 3-2　山区起垄整地

（2）水平沟整地：在坡度 5° ~ 10° 时的山地和丘陵地可修水平沟，沟有梯形、长方形、三角形等形状。依造林行距确定沟间距离，一般沟带上口宽 0.5 ~ 2 m，隔坡宽 1.5 ~ 2.0 m，沟深 0.4 ~ 0.6 m。沿等高线每隔 3 ~ 5 m 开沟，呈长条状翻垦，沟长 4 ~ 6 m，两水平沟间距离 2 ~ 2.5 m，外侧斜坡约 45°。开挖前，在整个地块上，顺着山坡方向从山下地边直到山上地边定一条纵向基线，并垂直于等高线。从基线下端点开始，每隔一个隔坡宽与水平沟宽之和定一个点，沿基线由下向上逐一定点，各点则为各水平沟下边沿线。坡面自上而下，逐年扩带抚育，加宽加深带面，扩大营养面积。挖沟时用生土筑沟坎，沟下边埂，埂高 0.4 m，边筑边用脚踏实，水平沟过长时，沟内可留横隔，各沟串联起来。最好水平沟填入作物秸秆，并施入适量肥料，表土填于沟中，树苗植于沟中间或外侧。水平沟较费工，但可以拦蓄地表径流水，使雨水聚集在沟内，沟壁还起到遮阴作用，降低沟内温度，减缓风速，减少土壤水分蒸发，起到保持水土的能力，有利于树木成活生长。

（3）鱼鳞坑整地：鱼鳞坑整地，是在山坡上挖掘有一定蓄水容量、半圆形、外高内低、交错排列、类似鱼鳞状的半圆形或月牙形土坑，分散拦截坡面径流，控制水土流失的翻垦造林地整地方法。一般坡度在 15° ~ 45° 之间，鱼鳞坑的布置及规格应根据当地降雨量、地形、土质和植树造林要求而定。挖坑取出的土，在坑的下方培成半圆的埂，或用山地碎石围成半圆形，以增加蓄水量，坑内蓄水，植树造林。鱼鳞坑间的水平坑距为 1.5 ~ 3.0 m，上下两排坑的斜坡距离为 3 ~ 5 m。埂顶中间应高于两头，填高 0.2 ~ 0.3 m，沿着等高线开挖鱼鳞坑的长，垂直等高线开挖鱼鳞坑，鱼鳞坑有大中小之分，即长 × 宽分别为 40 cm × 20 cm、60 cm × 40 cm、80 cm × 60 cm、120 cm × 80 cm；深度均为 30 ~ 60 cm，每坑内栽植 1 株树。

（4）穴状整地：当在地势平缓或缓坡地带造林时，可用穴状整地这种简单易行、用工量少、成本较低的局部整地方法。形状为圆形或矩形坑穴，穴面与原坡面持平或稍向内倾斜。整地规格因土层厚度、坡度而异，一般穴面长、宽、深分别为 70 cm、60 cm、30 cm。具体要根据土层厚薄、坡度决定穴面规格，如 60 cm × 50 cm × 30 cm、50 cm × 40 cm × 30 cm、80 cm × 70 cm × 30 cm 等，深度 25 ~ 40 cm，呈方形或圆形。整地密度一般为 2 m × 3 m，每亩 111 个穴。用锨将土挖起，翻松拍碎，清除杂石，坑面的外缘修得略高，呈挡水势。沿等高线环山水平挖穴，行间穴的呈品字形排列，以最大限度地减少地表径流，有利于穴面集水。

（二）土壤改良

1. 土壤施肥

林地施肥量与树木生长发育阶段密切相关。许多国家都十分重视幼树的施肥，认为幼树施肥可以提高林木的成活率，缩短培育年限，增加经济效益。例如，日本提出了相应的幼树施肥标准，以指导生产。造林后的几年，施肥量在上述标准的基础上每年按 20% 递增。对于中龄林地的施肥，其规范施肥为每公顷施氮肥 224 kg（李瑞雪等，1993）。黄河三角洲地区高度重视植树造林，积极引进耐盐碱品种，推广先进技术，加大工程措施，加强栽培管理，强化政策支持，显著提高了造林成活率，绿化整体水平不断提高，取得了良好的生态效益、经济效益和社会效益。如果能利用盐碱地发展文冠果，不仅可以起到不与人争粮、不与粮争地的作用，而且可以增加森林面积，提高黄河三角洲地区森林覆盖率，改善当地生态环境，兼顾生态修复，满足经济快速增长对能源的需求，提高盐碱地区林业生态效益等（刘金凤等，2016）。

文冠果栽植的林地条件不同于一般果园，很多是栽植在贫瘠的荒山、废弃的梯田以及少有耕种的平原地带，本就不是肥沃的土壤，栽植后很少有人把文冠果当作果树进行精细管理，所以大部分文冠果林子处于半野生状态，对林地施肥的研究和应用远远落后于农田，林地下养分长期得不到及时补充，缺素现象非常严重；林木的根系为了获取较多的养分故伸展较远，根系分布范围广，本来栽植的土壤就较贫瘠，吸收养分的数量较一般农作物低。因此，文冠果开花结实不是不需要养分，而是非常迫切。随着林业生产集约化程度的增强，文冠果林地施肥问题才逐渐引起人们的重视。文冠果林地施肥作为一种营林措施，它与良种壮苗、抚育管理等技术方法构成了文冠果丰产稳产完整的栽培体系。

2. 施肥对文冠果生长发育的影响

氮是蛋白质的主要成分，蛋白质是构成细胞原生质的基本组成部分，氮是植物的生命基础。氮在林木体内的含量一般只占干物质的 1% ~ 2%，

数量不多，但占有非常重要的地位，和磷、钾一起构成了林木生长的营养三要素。

植物体内蛋白质的主要成分是氮，一般蛋白质中含有 16% ~ 18% 的氮。在植物细胞的生命活动中，氮供应充足，蛋白质合成得多，原生质体构成具有充分的物质基础，细胞分裂快、增长迅速、植株高大、枝叶旺盛、根系发达。特别是叶片氮含量较高时，大量的无机氮存在于叶绿体中，光饱和点和净光合速率也会增高，为高产奠定了基础。细胞内的酶是由蛋白质构成的，如硝酸还原酶、亚硝酸还原酶、转氨基酶，这些酶促进了植株的新陈代谢，参与植物的多种生化过程，所以氮与植物生命活动有着密切的相关性。缺氮会使植物体内新细胞的形成受到抑制，植物的生长和发育减缓或停滞，植物失去绿色叶色变淡，枝条生长细弱、分枝少、株型瘦小、发根量少、侧芽受到抑制、结果量少、产量、品质下降。磷是构成 DNA、RNA、核蛋白、磷脂等和很多酶的重要成分之一，对细胞有丝分裂和减数分裂起着不可替代的作用，对根系生长和繁殖器官的发育有促进作用。钾是一种生理上极其活跃的元素，以离子状态存在，极易移动，多分布在茎尖、根尖和幼叶的分生组织里。钾可提高淀粉和糖分的含量，增加产量，促进氮的转化和蛋白质的合成，增强植物抗逆性能。

当土壤养分匮乏时，植物根系和叶片养分含量也随之减少。因此，提高土壤的养分含量也就是提高了根系和叶片的养分含量。大量事实说明，土壤养分含量与植物本身养分含量密切相关。基肥、复合肥、尿素、磷肥和钾肥的施用，可以增加微生物生物量和土壤酶活性，加速腐殖质的合成与分解，以及营养物质的转化，都有益于提高植物的生长发育。

魏猛等在4年生文冠果人工林中进行的有机肥和氮、磷配合施用试验，处理组的文冠果叶片全氮含量均高于对照，在果实膨大期差异达到显著水平，提高幅度分别为7.29%、9.37%。成熟期文冠果叶片全钾含量比对照组显著提高27.78%，果实膨大期和成熟期文冠果叶片的全磷含量差异达到显著水平，提高幅度分别为50.87%和44.18%。李明红分别于6月下旬至7月上、中旬和8月采种前后，对5 ~ 6年生树木施入复合肥，每株施0.25 kg，对8 ~ 10年生树木每株施0.6 kg，种子产量提高10% ~ 15%。徐东翔在《文冠果的合理施肥及其增产效果》一文中总结试验结果，施果肥后，生长发育所需养料得到充足供应，种子产量增加了39.4%；秋施复壮肥，坐果率提高了28%。封志强等通过对树龄5年的文冠果施化肥使树高生长提高2.5 ~ 3.0倍，树冠垂直投影面积扩大幅度达14 ~ 18倍，有12.5%的树挂果。刘思雪等对4个种源的文冠果种子进行施肥试验，分析种源和施肥对文冠果容器苗生长的影响。结果表明，种源和施肥协同作用对茎生物量、根茎比、径级2 mm < d ≤ 5 mm、根系长度、根系表面积、根系总长度影响显著。

文冠果林地在秋季果实成熟后，结合深翻改土施基肥，一般在10月中上旬进行，大树按树盘面积估计施肥量。一般每株施用基肥20 ~ 25 kg，施用尿素10 ~ 20 g/m^2，有机肥按尿素的20 ~ 50倍施入。4年以下幼树一般每亩施肥2 000 ~ 3 000 kg，单株施用农家肥5 kg、过磷酸钙80 ~ 150 g，视树龄每株配合施入复合肥0.51 ~ 1.51 kg，深度30 ~ 50 cm。具体农家肥每株可用猪圈粪（羊粪、牛粪均可）4 ~ 6 kg+田土或鸡粪3 ~ 5 kg+田土，每亩施肥量700 ~ 1 000 kg。秋施基肥能增加土壤有机质含量，改良土壤结构和质地，提高土壤肥力，有效增强树势，提高产量。

春季施肥以速效氮肥尿素、硫酸铵等为主。4 年以下小树每株施肥 0.05 ~ 0.15 kg，成龄大树每株施肥 0.3 ~ 0.5 kg 或用量按树盘面积确定，用尿素 50 ~ 80 g/m^2，化成 50 ~ 80 倍水溶液均匀灌入地下 50 cm 左右。早春 3 ~ 4 月花前追施氮肥，此时是春施化肥最适宜时期。山东地区由于 4 月上中旬至 5 月上旬正值文冠果大量开花期阶段，根系也出现第 1 次生长高峰，其速效肥料能很快被根系吸收利用，弥补了树体由于开花结果而造成的营养亏欠，降低了其营养不足所形成的落果率。同时，花期喷洒生长调节剂时可结合进行根外追肥，尿素浓度在 2% ~ 3% 以内，结合果实膨大期追施钾肥。追肥一般一年进行三四次，掌握“少施氮肥，多施磷钾肥，花前追施氮肥，果实膨大期施磷、钾肥”的原则，可保花保果，提高产量（图 3-3 至图 3-5）。

图 3-3　撒施有机肥

图 3-4　追施化肥

图 3-5　文冠果专用微生物菌肥

北方地区气候多风干燥，降水量少，蒸发量大，年内降水时间分布不均匀，造林后必须及时进行浇水，以便苗木缓苗成活。但要注意的是，文冠果是肉质根，要防止浇水太频繁造成土壤湿度过大，引起根茎腐烂，甚至烂根。文冠果有间歇性生长习性，有灌水条件的地区，可以多次浇水施肥，以促进其生长。早春开花前要结合施肥进行春灌和保墒，在新梢生长、开花坐果及果实膨大期适当浇水，可促进生长发育，获得稳产、高产。花谢后可适量浇水，以减少落果，但是要注意选取合适的浇水间隔，一般依据天气和土壤状况决定，表层土未干至 3 cm 以下不浇水，浇水必须浇透。在水涝易发地区栽植，应起垄创造良好的排水条件，并在雨季做好排水、防涝工作，防止烂根。在干旱山区等水源条件差的地区，可第 1 年浇水 1 次，2 年后每年各浇水施肥 1 次。浇水极为困难的地区，栽植后可在雨季施肥等雨，并修筑蓄水池。霜降前需冬灌，即 9 月份停止浇水施肥，11 月份封冻前浇 1 次冻水，利于早春保墒（图 3-6）。

图 3-6 日常浇水

哲里木盟林业科学研究所的研究结果表明，对幼龄植株浇水2次、3次，平均树高生长量比对照分别高62.4%、111%，地径生长量比对照分别高130%、178%。定期取土测定土壤含水率结果表明，文冠果生长与土壤含水率成正比，浇水比不浇水提高产量5%～18.5%。

三、文冠果智能水肥一体化的应用

（一）滴灌系统的组成、运行与维护

滴灌系统由水源工程、系统首部、输水管网、田间首部和滴灌管五部分组成。

1. 水源工程

项目水源为水井水。滴灌系统是一个有压系统，所以在没有自压系统或者自压产生的压力过小时需要水泵提供压力。配置潜水泵，供水量 $Q=20\ m^3/h$，$h=117\ m$，$P=13\ kW$。

2. 系统首部

系统首部（图3-7）包括变频柜、过滤系统、施肥系统和量表控制等。

图3-7　系统首部

（1）变频柜：15 kW，一控一，具有远程控制功能，具备远程、变频、工频状态。变频柜面板按钮有远程、变频、工频 3 种状态。在手机或者电脑远程控制时，保证按钮处于“远程”状态，即图 3-8 中所示位置。

图 3-8　变频柜

（2）变频器调压：根据面板上的按钮，进行上下调节，或者根据说明书进行调压。变频器调压，将进水口压力表的压力维持在 0.4 MPa。

（3）故障排除：检查电压是否低于 380 V，检查线路是否短路、水泵电机是否超载。

（4）过滤器：离心过滤器结构如图 3-9 所示。

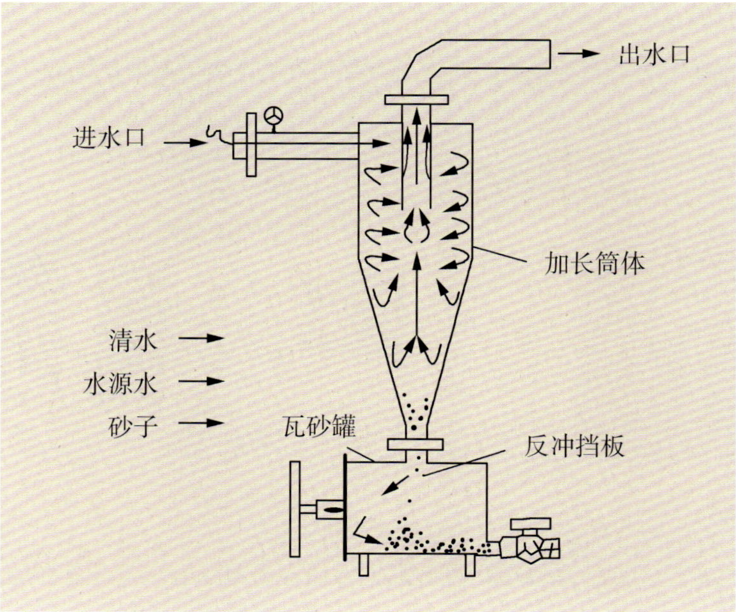

图 3-9　离心过滤器

根据水质情况，建议每次关闭系统后打开后端排污口 5 min 进行排污清洗。

自动反冲洗叠片过滤器结构如图 3-10 所示。

图 3-10　自动反冲洗叠片过滤器

通过循环设定键在各个选项间反复选择，选项闪动时即为可编辑状态，通过“+”“-”进行参数增加和减少；反冲洗持续时间，即每个过滤单元反冲洗的时间，建议设定 45 s；压差设定，即触发反冲洗的过滤器前后端压力差，建议设定 0.5 Bar（0.05 MPa）；反冲洗间隔时间，即两次反冲洗程序之间的等待时间，建议设定 4 ~ 6 h；压差和计时两种方式优先达到者即触发反冲洗程序进行。

自动反冲洗控制器组成如图 3-11 所示。

需定期清洗驱动水过滤器（过滤器后边的小过滤器），清洗前应关闭驱动水过滤器前端球阀，取出滤网，清洗完毕装回滤网旋紧驱动水过滤器盖子，打开驱动水过滤器前球阀。清洗过程不应在过滤器反冲洗过程中进行。

长期停用前和系统重新启用前，需打开过滤器单元对叠片进行手动清

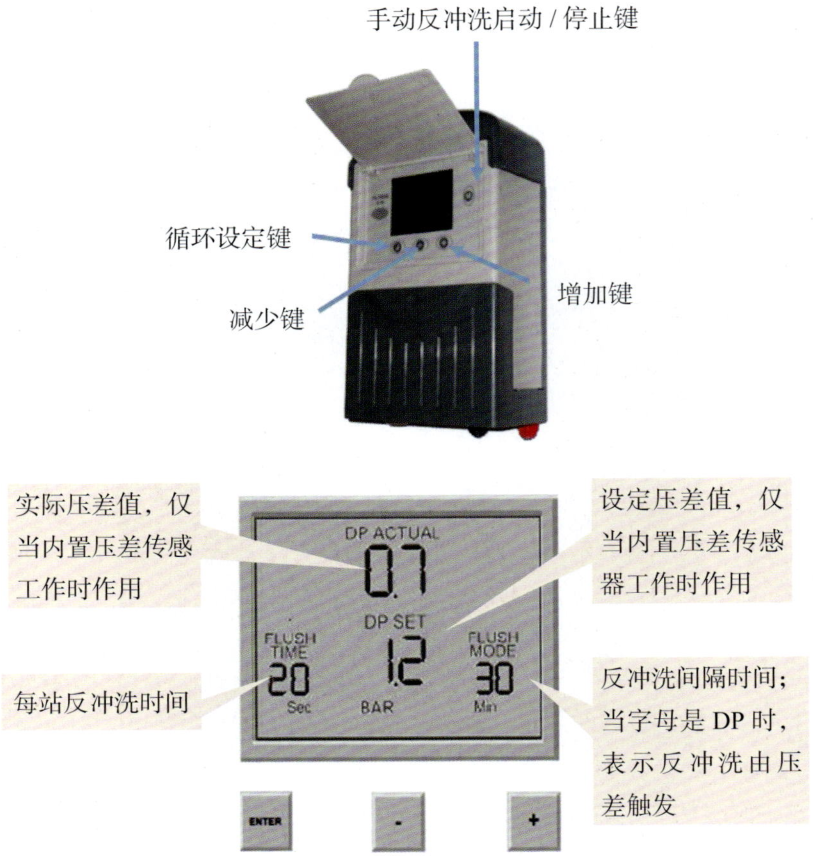

图 3-11　自动反冲洗控制器

洗。手动清洗应逐一单元进行，且应在系统停用时进行。打开过滤单元卡箍前，须打开驱动水过滤器盖子并打开驱动水过滤器前端球阀，释放系统内压力。

叠片在长期使用后明显结垢时，取出置于塑料桶内，用适量醋酸浸泡，漂洗干净即可重复使用。

过滤单元卡箍具有较强弹力，拆卸过程请留意扳动力度；过滤单元盖子上紧过程应保证其与底座间缝隙紧密均匀，切忌歪斜；叠片取出前需旋开固定螺帽，叠片装回后需旋紧固定螺帽，固定力度适宜。

若出现故障，排除过滤器不反冲洗，应检查过滤器进、出水阀门和排污阀门打开和关闭状态是否正确；若是自动过滤反冲洗设备，查看系统是否设置正确及供电情况，查看电磁阀门是否出现故障。

3. 施肥系统

随水施肥是滴灌系统的一大特点，通过施肥系统将肥料溶解后注入管道系统随水滴灌到人工林根系土壤中。

施肥系统由施肥桶、搅拌器、注肥泵、过滤器等组成（图 3-12）。

图 3-12 施肥系统

注肥泵首次启动注肥时应进行排气。排气方法：在注肥泵停止运行过程中，依次旋开泵头下方和中部的螺栓，螺栓下方的排气孔将间断有空气喷出。排气过程建议不要开启主管道供水，通过调节施肥泵出口球阀控制出水，当关闭球阀有明显的水流受阻摩擦声且排气孔水流喷射猛烈无间断即为排气充分。排气过程可能会持续较长时间。

保持施肥泵出水球阀关闭，开启进水球阀开启开始注水，水位适宜之后关闭进水球阀，将肥料放入，开启搅拌器进行搅拌，均匀后关闭搅拌器，随后开启注肥泵，缓慢开启出水口球阀，通过调节球阀开启量控制施肥速度。

注肥泵严禁缺水运行，建议接近施肥完成时（在肥料桶内出水口上方 5 cm）关停注肥泵；施肥桶进水球阀应缓开缓关；施肥桶内积累较多杂质时，应通过底部的排污孔进行冲洗排污；肥料搅拌器切忌长时间空转运行。

4. 田间首部

田间首部包括检修球阀、电磁阀、进排气阀以及阀门箱等。

田间首部电磁阀有 2 个状态：开启（ON）、关闭（OFF），手动启动时将电磁阀转到“开启”，滴灌系统开始运行；远程控制时，将电磁阀保持在“关闭”状态。

注意事项：

（1）系统中的所有的阀门必须缓开缓闭。

（2）在气温低于 0℃时，所有阀门必须处于开启状态。

（3）故障排除后电磁阀不能正常运行，可能有两方面的原因：其一，物理上的障碍，比如一些碎石、枯叶残枝，破坏了隔膜的完全密封，清除这些障碍后，需要检查隔膜及附件是否有损坏；其二，作用在上隔膜的压力太小。

5. 灌水器

（1）压力补偿式滴灌管如图 3-13 所示。

在每年春天开始灌溉前进行冲沙处理，将滴灌管末端堵头打开，开启滴灌系统冲洗 20 ~ 30 min，检测滴灌管滴水情况，检查是否有断裂现象，确保末端流水清澈无泥沙。

滴灌系统启用后，应每隔 1 ~ 2 个月打开滴灌管末端检测冲洗 1 次。

图 3-13 压力补偿式滴灌管

（二）智能控制系统的组成与功能

智能控制系统组成主要有环境传感器、电磁流量计、智能采集控制器、气象站、智能控制系统及系统云平台、电脑 / 手机 APP 终端等。

1. 植物生长环境因子监测系统

通过部署土壤环境传感器进行数据实时采集，并传输到数据库，通过系统软件平台把数据以图、表、数字等方式显示在系统软件上，通过手机 APP 能够及时地看到最新的数据和历史数据（图 3-14）。

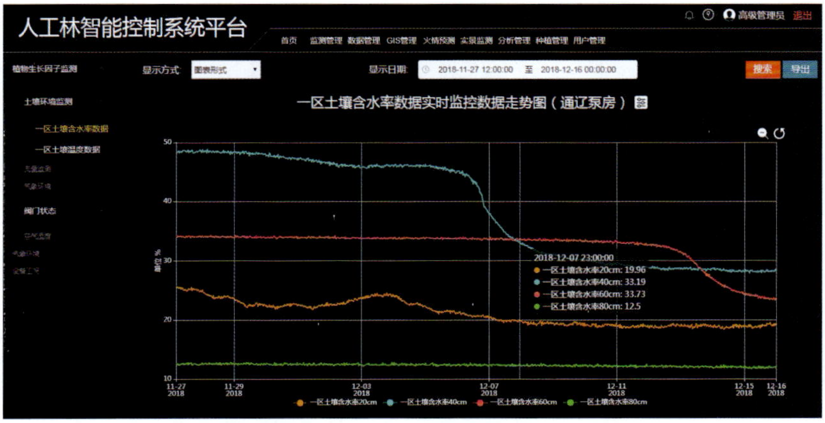

图 3-14 植物生长环境因子监测系统

2. 灌溉管理

根据运行方式的不同，可分为手动灌溉、制度灌溉和智能灌溉 3 种方式。

（1）手动灌溉：点击手机 APP“主页”中“灌溉控制”功能查看阀门当前状态，通过操作按钮的开 / 关管理水泵和电磁阀的开启、关闭工作（图 3−15）。

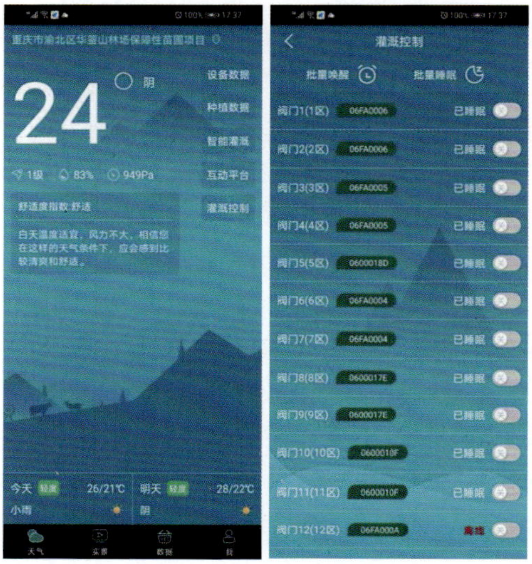

图 3−15　手动灌溉

（2）制度灌溉：用户通过手机 APP“主页”中的“轮灌计划”，设定阀门或阀门组的开启、关闭时间和周期，设置灌溉制度，系统通过设置制度发送给控制器后，按照该制度自动进行灌溉任务（图 3−16）。

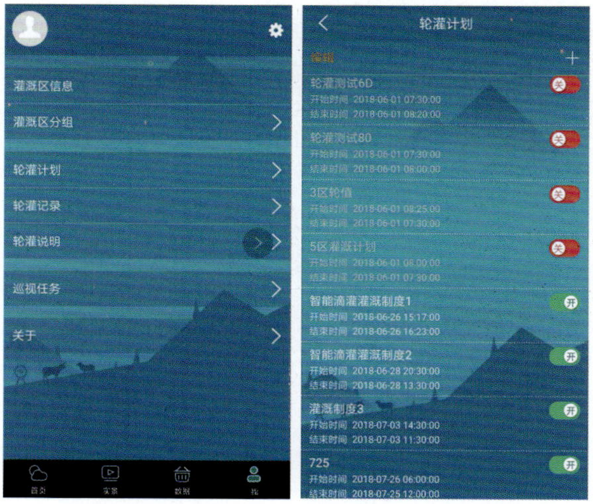

图 3−16　制度灌溉

（3）智能灌溉：通过手机 APP“主页”上的“智能灌溉”功能，设置智能灌溉的控制条件，该灌溉制度可对土壤和气象指标进行设定，当指标低于设定阈值时自动开启进行灌溉，当指标高于设定阈值时自动关闭（图 3-17）。

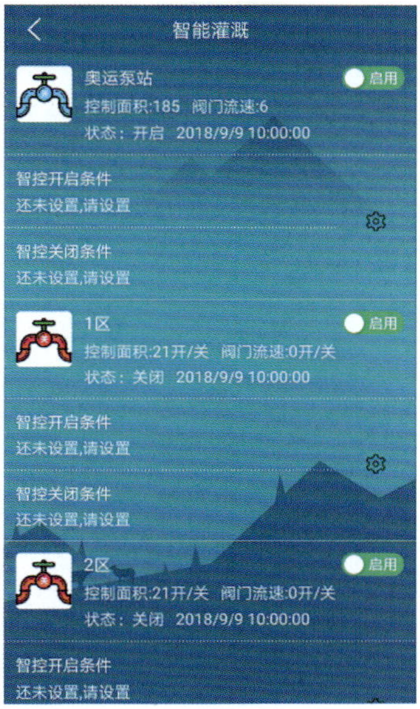

图 3-17 智能灌溉

3. 设备数据监测

根据系统查看设备是否离线，根据阀门的状态查看阀门是否开启、关闭，检查智能采集控制器的电压、电量等基本信息，查看环境传感器的各项传输指标是否正常。给数据定义预警值，根据设定指标提前预警，确保出现问题提前维护，以免影响使用。

（三）冬季维护

随着林木生长进入休眠期，灌溉季也随之结束，为确保智能滴灌系统安全越冬，并在下一个灌溉季节正常使用，秋末冬初必须对整个智能滴灌系统（包括输水管网、滴灌毛管、田间首部、过滤系统、施肥系统等）进行一次彻底的保养、维护。

1. 输水管网和滴灌毛管维护

智能滴灌系统在使用一段时间后，会有水垢和肥料残留附着在输水管壁和灌水器上，在上一个灌溉季结束后，应高压冲洗管道，清除污垢，防止污垢堵塞滴灌毛管滴头，影响下一个灌溉季的正常使用。

管道冲洗方法：打开若干轮灌组阀门（少于正常轮灌阀门数），开启水泵，依次打开主管和支管的末端，进行高压冲洗；冲洗完毕，关闭末端球阀；打开滴灌毛管堵头，使用高压逐个冲洗轮灌地块，力争将管道内积攒的污物冲洗出去，然后把堵头装回。

管道冲洗完毕后，需要将管道内的存水排净，以防管道冻裂。如果管道埋在冻土层内，由于管路内积水低温时冻胀，极易发生管道胀裂破损。这种情况往往难以发现，不及时处理会影响下一年度的灌溉。智能滴灌系统管道的排水，实际上是在秋末冬初冷冻出现以前，把管道、阀门、滴灌毛管里的水排出，以防冻害对滴灌系统造成破坏。

智能滴灌系统管道的排水方法：手动打开泄水阀，排净管道积水，确保智能滴灌系统处于非运行状态，依次打开各灌溉区的电磁阀，减少管路系统水压力，然后慢慢手动打开泄水阀，待管道内的水排出后，将泄水阀保持在半开半闭状态。

2. 田间首部维护

排水底阀：把田间位于主、支管道上的排水底阀（小球阀）或旁通堵头（眼镜圈）打开，将管道内的水尽量排净，此阀门或堵头冬季保持打开状态。

电磁阀：将电磁阀的手动开关置于开的位置。

滴灌毛管：在田间将各条滴灌毛管拉直，勿使其扭折。

各个设备上安装的球阀，不论是塑料还是铜球阀、合金球阀，均需要处于半开的位置，要保证球碗与球阀侧壁之间留出相当的空隙，保证结冰时不会将球碗冻裂。

3. 过滤系统维护

离心过滤器：将集砂罐排污口打开。

叠片自动反冲洗过滤器：在反冲洗后将叠片彻底清洗干净（必要时

需用酸洗，例如用醋酸、草酸等，酸洗后再用清水冲洗干净）后放回。打开驱动水过滤器将水释放干净。特别需要注意的是，过滤器上附带的各种阀门应置于开启的状态。

施肥系统：在进行养护时，关闭水泵，开启与主管道相连管道上的球阀和驱动注肥系统进水管道上的球阀，排除压力。若施肥系统是注肥泵并配有塑料肥料桶，先用清水洗净肥料桶，打开桶盖晾干，再用清水冲净注肥泵。清洗完毕，打开排水螺母将水排出，打开过滤器将水释放干净。

水表：水表是易于积水的部件，小尺寸的水表，建议卸开排水，大尺寸的水表，将连接阀门松开，并将水表底部的排水螺栓卸下，排空积水。

林业智能滴灌系统大多位于室外，需考虑安全隐患，派人定期巡查。设备间应关紧门、窗，防止设备丢失；滴灌管极易遭到人为或者牲畜的破坏，需重点巡查；控制器中的太阳板、立杆都是处于地上，容易招致人为破坏，需重点保护、巡查。

（四）文冠果智能滴灌水肥一体化施肥制度（以2022年为例）

1. 第一阶段施肥（表3-1）

（1）第一阶段1区~16区，总共施肥3 524 kg。每隔10天施肥1次，各区施肥量见表“单次施肥量”。

（2）每桶施肥总量不要超过60 kg，防止肥料不溶解。

（3）每个区施完所有肥料后，再放入1~2桶清水，稀释桶内肥液后，再次注肥。注肥完成后，在这个区持续灌溉1 h。即每个轮灌区施肥+灌溉时间为2 h。

表3-1　第1阶段施肥制度（4月1日—5月10日）

轮灌区	面积/亩	株数		合计施肥量/kg	施肥次数	单次施肥量/kg
		大树	小树	氮磷钾含量之比为27∶5∶6		
1	23		5 720	188	4	47
2	17.4		5 256	176	4	44

（续表）

轮灌区	面积 / 亩	株数		合计施肥量 /kg	施肥次数	单次施肥量 /kg
		大树	小树	氮磷钾含量之比为 27∶5∶6		
3	20		1 980	164	4	41
4	16	840	490	180	4	45
5	13.8	263	525	88	4	22
6	21.3	938	1 350	268	4	67
7	21	300	2 775	280	4	70
8	21	300	2 775	280	4	70
9	1.5	300	2 250	236	4	59
10	19.5	300	2 250	236	4	59
11	21.8	900	2 175	328	4	82
12	21.3	938	1 350	268	4	67
13	13.8	263	525	88	4	22
14	15	638	1 238	208	4	52
15	21	900	2 175	328	4	82
16	14.6	638	1 238	208	4	52
合计	282	7 518	34 072	3 524		881

2. 第 2 阶段施肥（表 3–2）

（1）第 2 阶段 1 区和 2 区施“氮磷钾含量之比为 27∶5∶6”的肥料，总共 363 kg；3 ~ 16 区施“氮磷钾含量之比为 17∶17∶17”的肥料，总共 4 005 kg。每隔 7 天施肥 1 次，各区施肥量见表 3–2 中的“单次施肥量”。如遇下雨等天气，可提前或推后 1 ~ 2 天进行。

（2）每桶施肥总量不要超过 60 kg，防止肥料不溶解。另附施肥方法及注意事项。

（3）每个区施完所有肥料后，再放入 1 ~ 2 桶清水，稀释桶内肥液后，再次注肥。注肥完成后，在这个区持续灌溉 1 h 时。即每个轮灌区施肥 + 灌溉时间为 2 h。

表 3-2　第 2 阶段施肥制度（5 月 11 日—6 月 20 日）

轮灌区	面积 / 亩	株数		合计施肥量 /kg	施肥次数	单次施肥量 /kg	备注
		大树	小树				
1	23		5 720	189	3	63	氮磷钾含量之比为 27∶5∶6
2	17.4		5 256	174	3	58	
3	20		1 980	207	3	69	
4	16	840	490	228	3	76	
5	13.8	263	525	111	3	37	
6	21.3	938	1 350	339	3	113	
7	21	300	2 775	354	3	118	
8	21	300	2 775	354	3	118	
9	1.5	300	2 250	300	3	100	氮磷钾含量之比为 17∶17∶17
10	19.5	300	2 250	300	3	100	
11	21.8	900	2 175	417	3	139	
12	21.3	938	1 350	339	3	113	
13	13.8	263	525	111	3	37	
14	15	638	1 238	264	3	88	
15	21	900	2 175	417	3	139	
16	14.6	638	1 238	264	3	88	
合计	282	7 518	34 072	4 368		1 456	

3. 第 3 阶段施肥（表 3–3）

（1）第 3 阶段 1 区和 2 区施“氮磷钾含量之比为 27：5：6”的肥料，共 182 kg；3 ~ 16 区施“氮磷钾含量之比为 18：8：24”的肥料，总共施肥 952 kg。每隔 10 天施肥 1 次，各区施肥量见表 3–3 中的“单次施肥量”。如遇下雨等，可提前或推后 1 ~ 2 天。

（2）每桶施肥总量不要超过 60 kg，防止肥料不溶解。另附施肥方法及注意事项。

（3）每个区施完所有肥料后，再放入 1 ~ 2 桶清水，稀释桶内肥液后，再次注肥。注肥完成后，在这个区持续灌溉 1 h。即每个轮灌区施肥 + 灌溉时间为 2 h。

表 3–3　第三阶段施肥制度（6 月 21 日—7 月 10 日）

轮灌区	面积 / 亩	株树		合计施肥量 /kg	施肥次数	单次施肥量 /kg	备注
		大	小				
1	23		5 720	94	2	47	氮磷钾含量之比为 27：5：6
2	17.4		5 256	88	2	44	
3	20		1 980	50	2	25	氮磷钾含量之比为 18：8：24
4	16	840	490	54	2	27	
5	13.8	263	525	26	2	13	
6	21.3	938	1 350	80	2	40	
7	21	300	2 775	84	2	42	
8	21	300	2 775	84	2	42	
9	1.5	300	2 250	72	2	36	
10	19.5	300	2 250	72	2	36	
11	21.8	900	2 175	100	2	50	
12	21.3	938	1 350	80	2	40	

（续表）

轮灌区	面积 / 亩	株树		合计施肥量 /kg	施肥次数	单次施肥量 /kg	备注
		大	小				
13	13.8	263	525	26	2	13	
14	15	638	1 238	62	2	31	
15	21	900	2 175	100	2	50	
16	14.6	638	1 238	62	2	31	
合计	282	7 518	34 072	1 134		567	

4. 智能滴灌系统施肥方法与注意事项

（1）施肥方法：施肥前检查施肥桶是否干净，不干净的话清洗干净。第 1 次使用注肥泵时先要排气，在施肥桶有水的情况下，打开施肥管道阀门，打开注肥泵排气口，直到有水喷出，关闭排气口即可。

单独施肥时（不与灌溉结合），先在施肥桶注入半桶水，然后加入称好的肥料，开启搅拌泵，继续注水至施肥桶 1 000 L 刻度处，充分搅拌溶解后，关闭搅拌泵，静置片刻（观察肥料是否全部溶解，如未溶解应再次搅拌和静置），打开注肥泵施肥，至下端刻度线（或 150 L 处）前，开启注水管道，加满施肥桶，让施肥泵继续注肥（这是在冲洗施肥桶）。操作完成后，再持续灌溉 2 h，冲洗主管道。

结合灌溉施肥时，则先将轮灌区灌溉 7 h 后再施肥，施肥时重复“单独施肥时”的步骤。

（2）注意事项：每桶加入所有肥料量不超过 60 kg，如果 1 个轮灌区单次施肥量超过 60 kg，则分成 2 ~ 3 桶分别施入。最后一个轮灌区施肥时，多冲洗 1 ~ 2 次施肥桶，尽量将桶中剩余的肥液稀释。本次施肥完毕后，将施肥桶中剩余的肥液通过排污口排出去，将施肥桶清洗干净。在注水以及施肥过程中，不要盖上施肥桶的盖子，要保持施肥桶敞口状态，本次施肥完毕后再将施肥桶的盖子盖上。

四、栽植

栽植一般在秋季落叶后或春季萌芽开始前进行。此期树体处于休眠状态，生理代谢活动滞缓，水分蒸腾较少且体内贮藏营养丰富，受伤根系易于恢复，栽植成活率高。北方地区春季栽植，土壤一化冻即可开始，多在 3 月初至 4 月上旬，要抢前抓早，做到顶双桨（土壤墒情、苗木水分）栽植（图 3–18）。

气候比较温暖的地区，特别是大面积栽植且不具备浇水条件的山区、丘陵等，要以秋季栽植为主，秋季落叶时（10 月下旬）移植更加适宜。此期，树体落叶后对水分的需求量减少，而外界的气温还未显著下降，地温也比较高，树木的地下部分尚未完全休眠，移植时被切断的根系能够尽早愈合，并可有新根长出。翌年春，这批新根能迅速生长，有效增进水分吸收功能，有利于树体地上部的生长恢复。

图 3–18　文冠果苗带土球移栽

栽植前半个月，需要给要起苗的地块浇透水，让苗木充分地吸取水分，提高苗木的含水量，减少起苗后运输过程中的苗木水分流失。

（一）文冠果壮苗标准

选取干形圆满通直、生长健壮、生长势强、芽体饱满充实、根系发达（侧根粗壮且条数多）、无病虫害、结实多、出油率高的品种壮苗。裸根栽植的关键在于保护好根系的完整性，骨干根不宜过长，侧根、须根尽量多带。

形态：苗木具有较小的高径比，以矮壮苗为好。这类苗一般干形通直、饱满、越冬前积累了较充实的有机物，落叶及时。

颜色：当年枝条颜色多为灰褐色，其上常有间断的白色细条纹，表面稍粗糙或光滑，表明这些枝条木质化程度高，而徒长枝的颜色往往呈红褐色，表面光滑，枝梢嫩绿，一般不能越冬。

芽：发育充实的枝条多数都具有饱满的顶芽，外形较大、芽鳞肥大，能安全越冬，来年抽放新梢生长势强，干形通直，抑制了侧芽的发育，而徒长枝的顶芽外形细、瘦、短、尖，一般不能越冬，来年侧芽发旺盛，形成多个侧枝。

根系：根量大、条数多、吸收根多（图 3-19）。文冠果苗木的根系比一般树种发达，但是它的根系表层薄，容易失水，故应尽量多地保存根系。表层根要丰富，理想的根系为主根发育不强，而侧须根丰富，主要分布在 25 cm 内的表土层中。

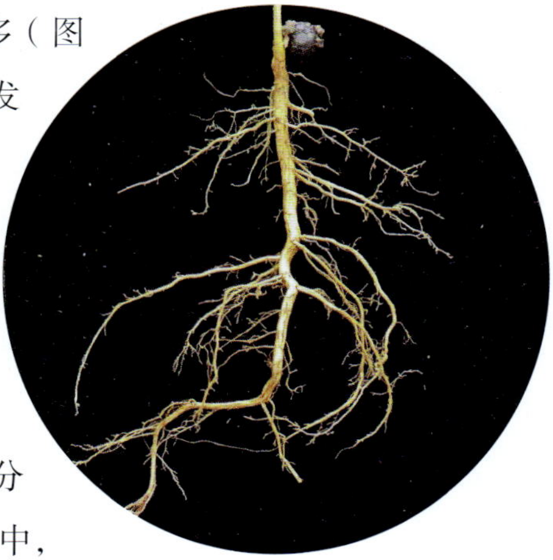
图 3-19　文冠苗根系

《文冠果标准综合体》中“第 5 部分 文冠果植苗造林（建园）技术规程”中，参照原国家林业局（现并入国家林草局）《文冠果原料林可持续培育指南》（林造发〔2014〕45 号），根据调查数据，确定了文冠果 1 年生大地裸根苗等级标准，见表 3-4。

表 3-4 文冠果 1 年生裸根苗等级标准

苗木等级		I 级苗 /cm			II 级苗 /cm			III级苗 /cm		
地区	指标	苗高	地径	根系	苗高	地径	根系	苗高	地径	根系
东北地区（含西北北部）	标准	>80 有 8 ~ 10 个饱满芽	>0.6	根系发达，无伤痕，侧根 >4	50 ~ 80 有 7 ~ 9 个饱满芽	0.5 ~ 0.6	根系发达，无严重伤，侧根 >3	<50 < 6 ~ 8 个饱满芽	<0.5	根系欠发达，欠完整，侧根 < 2
华北地区（含辽宁南部）	标准	>100 有 8 ~ 10 个饱满芽	>0.9	同上	80 ~ 100 有 7 ~ 9 个饱满芽	0.7 ~ 0.9	同上	<80 有 6 ~ 8 个饱满芽	<0.7	同上
西北地区（不含西北北部）	标准	同上	>1.0	同上	同上	0.8 ~ 1.0	同上	同上	<0.8	同上

（二）文冠果栽植要求

1. 栽植密度

文冠果结实早，生长缓慢，栽植密度、株行距要根据造林地立地条件和经营管理水平而定。为了提高总产，应采取合理密植措施。

一般而言，土壤瘠薄、肥源缺乏的山地和沙地，株行距采用 1 m × 2 m、1 m × 3 m、2 m × 2 m、2 m × 3 m 等株行距均可；立地条件较好较肥沃的山区或黄土丘陵，可采用 1.5 m × 3 m、3 m × 4 m 的株行距；土层深厚肥沃、灌水施肥方便的地区，可采用 3 m × 4 m、4 m × 4 m、4 m × 5 m 的株行距。在房前屋后、园田地边零星栽植可适当稀疏，栽植时可按不同地形因地制宜地确定株行距。随着树体的生长，后期可以根据实际情况调整植株密度，例如隔一行去一行、隔一棵去一棵。

适度密植是文冠果早期丰产的必要措施。根据试验，文冠果栽植密度为 2 m × 1 m 和 2 m × 0.5 m 时的种子产量较高。孟宪武通过试验得

出，栽植密度为 1 m × 0.5 m 时每公顷株数虽然比栽植密度为 2 m × 1 m 和 2 m × 0.5 m 的多，但种子产量却比其分别少 34.22% 和 36.98%，说明文冠果种子产量并非密度越大越高产，而是需要合理的栽植密度。

为实现早期丰产，建议在管理条件比较好的情况下，初植密度株数在每亩 333 ~ 666 株较为合适。此后根据树体的生长、树冠覆盖率、林木郁闭度和结果情况等因素再逐步疏伐，调整到合理密度。平原林地平坦开阔，可以考虑随着苗木进入盛果期采用机械化作业，行间留出机道，密度可分别为 4 m × 4 m、3 m × 4 m 或 2 m × 4 m。采用这样先密后疏的方式，既能充分发挥幼树阶段的生产潜力，又兼顾了林木各阶段生长的要求，从而年年获得较高产量。

2. 栽植方法

文冠果属于肉质根，忌积水，因此在华北、华东地区栽植时，需要做好防涝措施。山东地区一般采取起垄的方式进行栽植（图 3-20、图 3-21）。优点是防止发生涝害，提高土壤透气性，早春快速提高地温，促进早期发芽开花。缺点是土壤容易干燥。

图 3-20　文冠果栽植前起垄

图 3-21　文冠果垄上栽植

文冠果苗木栽植时，除了掌握一般栽树的技术方法之外，一定记住文冠果苗木要浅栽，不宜深栽，根茎紧邻的下部根系似露不露，盖一层

1 ~ 2 cm 的土即可。按照规定的株行距进行记印定点后，再根据记印为中心挖定植穴，挖穴时表土、心土分别放置，挖出规格为 40 cm × 40 cm 到 80 cm × 80 cm 的正方形穴，每穴（株）施入腐熟农家肥 5 kg 左右，尿素 50 g，过磷酸钙 0.51 ~ 1.00 kg。沙质土壤最好施用发酵牛羊粪 5 kg + 保水剂 5 g 拌土回填，用含腐殖酸 0.05% 的水溶液浇灌有利于快速生根并提高成活率（图 3–22）。

图 3–22　沙质土壤结合保水剂栽植

一般土壤回填定植穴时，肥料和回填土应混合均匀，切忌肥料直接与根系接触而产生肥害。栽植时，把苗木放在坑的中心，扶正苗木，保持根系舒展。随后把湿土填到根部，同时把苗木稍向上提一提，再随填土随踩实，按照“三踩一提”的原则进行栽植。如果一次填满再踩实，土壤上实下松，会影响成活。栽植深度比苗木原土印深 1 ~ 2 cm 即可，做到不窝根、不吊苗、不露根，扶正踩实。给苗木培土时，要稍低于坑面，不要过深，最后踩实。最后修好水盘，及时浇水。为提高成活率，定植时间要掌握适时偏早，可待水渗后在树盘上覆盖塑料薄膜，既可保持水分，又可提高地温。造林后，在 4 ~ 5 月检查成活率，对不萌发植株，要及时拔出，秋季补植（图 3–23）。

栽植时，如果土壤没有层层踩实，栽植后也没有充分踩实，引起灌水后的土壤下沉，树木也随之下降，以后再经过除草耕耘，渐渐苗穴处的土壤与地表齐平，导致苗木根茎陷于地下过深；有时在穴深的情况下，往往填土不满，导致树木根茎低于地表过深，灌水和雨后坑内淤积的泥沙不

图 3-23　移栽文冠果

断增多，使根系下降到更深层土壤，特别下雨或灌水，低洼的树穴容易积水，根系在湿度大、通气差、温度高的条件下生长，引起肉质皮层腐烂，造成移栽苗木当年生长势弱，恢复较慢，苗木成活率降低。这是栽植文冠果时应该注意到的关键之处。

3. 蘸泥浆

最好能随起苗随蘸泥浆，就地包装，立即运输，尽量减少裸根时间。切忌起出大部分苗木后再蘸泥浆包装，这样起出的苗木在地里晾晒时间太长，容易失水，降低栽植成活率。

浆水配比为：过磷酸钙 1 kg + 细黄土 7.5 kg + 水 40 kg + 生根粉（浓度为 500 mg/kg，即 1 L 水中加入 500 mg 生根粉），搅成浆糊状，让根系全部蘸满泥浆。根系打浆是常用苗木保护方式之一，可提高 20% 的移栽成活率，运至造林地后立即栽植，迫不得已的时候再考虑进行假植。

研究发现，100 mg/kg 浓度的生根粉对文冠果成活率有显著影响，使用生根粉比不使用生根粉文冠果成果率高出 9.4 个百分点。因此，在水分、养分供应充足的情况下，使用生根粉有利于提高文冠果造林的成活率。

文冠果根系是肉质根，很容易失水，特别在冷、湿、通气不良的条件下，短期内就能造成不良影响，导致根茎和根系腐烂而死亡。文冠果根系的这一特点与其他树种有显著差别，往往会被人忽视而导致移栽失败。从挖苗到栽植期间，务必保持根部湿润，防止根系失水干枯。为提高移栽成活率，运输过程中可采用湿草覆盖的措施，以防根系风干。

（三）苗木的修剪

1 ~ 2 年生裸根苗栽植前要修剪根系，使根长保留在 20 ~ 30 cm 的范围；2 ~ 4 年生裸根大苗，根系幅度应该在 0.5 m 左右。剪去过长、受损伤的根系，切口要平滑。同时，对地上部分进行修剪，一般修去上部的 1/3，以减少起苗和运输过程中的水分损失，便于包装、装车和运输（图 3–24）。

图 3–24　文冠果苗木起苗包装

（四）土球苗和容器苗

带土球起苗是提高文冠果苗木成活率的最好选择。1 ~ 2 年生的苗，土球在 20 cm × 30 cm 大小，起挖时不可散球，用草绳捆绑或用塑料布严密包扎保护根系，减少根部失水，使根部能密切和土壤接触。保持原树苗根系在土中的固有状态，可以缩短缓苗期，提高成活率（图 3-25）。

图 3-25　土球苗和容器苗

容器苗栽植时，要预先保持容器内土壤处于半湿状态，装车时每个营养杯摆正，勿歪斜，杯之间摆放紧实。平稳运输到种植点后，用铁锹挖深度略大于容器高度的土坑，将容器苗整团取出，保持土团完整不散，植入后杯面与大田土表面齐平，周边填土踏实。

（五）坡地造林

栽植时选择根系较多而密集的部分面向山坡下方。栽植扶正后，回填表土护住根系，用脚面轻轻踩压，再用手向上轻提抖擞树苗数下，使根系自然舒展，让土壤填满根的缝隙，再填土踩紧，排出松土空气，使土和根系密切接触，上面覆土至根茎以上 5 cm 左右，形成锥形土堆并踏实，防止风吹晃动和防止水分散失。

（六）栽后管理

1. 浇水

若是造林面积大，在栽植后就要及时给苗木灌透定根水。文冠果对干旱有较高抗性，但对积水或水分过多非常敏感，灌水不宜太勤，灌溉积水时间也不宜太长。灌溉后的土壤干至能下地时，尽快细致松土，散湿通气。入冬封冻前进行冬灌，利于保墒。

早春栽植文冠果，气温回升快，而地温回升慢，浇水太勤太多，影响土壤气体流通，又容易降低地温，不利于根系的恢复和再生。特别在5月份，气温较高，根系正处于生长高峰期，生理活动旺盛，上部蒸腾量大，如果进行大水漫灌，在土壤黏重地区，土壤通气差，必然造成根系呼吸困难，严重影响到幼树的成活，因此必须掌握适量灌水原则。没有适量灌水，是某些栽植的文冠果苗木明明已经成活，但一浇水后却大部分苗木死亡的重要原因。

2. 复踩

寒冷地区秋季栽植后，若土壤含水量过高，春季解冻过程中受昼夜温差大的影响，导致穴面土壤热胀冷缩。随着土壤结冻膨胀上升，连带苗木被抬起，待土壤下沉后，植株留在原位，导致苗木根部和土壤分离，根部裸露死亡，引起苗木冻害。所以，翌年早春解冻后，要及时将苗木四周土壤踏实，即进行复踩。

3. 除萌

文冠果萌芽率较高，定干或嫁接后的文冠果很容易在主干上长出萌芽。应保留定干后上部的3～4个芽，其余及时除萌；嫁接苗砧木上的萌芽也要及时抹除，以免影响苗木生长。

4. 松土除草

造林后，每年在生长季节需进行多次全面松土除草，松土宜浅不宜深，且要避免损伤树皮和根茎。尤其是新栽植的树木，由于浇水或雨水积存，土壤水分多、通气难，如果土地黏重，水分散失慢、通气性差，对文冠果成活以及生长都不利。解决这一问题，最好的办法是松土，正所谓“锄下有水，锄下有火”。因此，每次灌水或降雨之后，应在植树穴范围内，特别是根茎附近细致松一次土，既可起到保墒作用，减少灌水次数，节约用水，还能使土壤通气增温，形成根系的适生条件。有的地方大水漫灌后，疏于松土管理，致使处于缓苗生长旺盛阶段的文冠果苗木因水分太多、长时间通气不良，大片植株憋气而死亡的现象。

文冠果苗圃主要有以下几种杂草。

莎草科杂草：例如香附子，由于香附子危害性极大，目前已位居世界十大恶性杂草之首，引起国内外专家的高度重视。在山东，香附子一般是4月开始萌发，5月上旬出现第1次高峰，危害春季文冠果幼苗。6月上中旬出现第2次高峰，一直持续到8月上旬，对文冠果幼苗影响很大。香附子来势猛危害重，已成为文冠果苗木地一大恶性杂草，使用莎草净可高效防除。木本小苗木质化后或移栽后，每亩苗圃使用该药剂20～30 g，兑水20～30 kg（即两喷雾器水），对杂草进行均匀喷雾。若杂草成片出现，按照每12～15 g兑水15 kg。采用二次稀释法，即先用少量水溶开药剂，制成母液，再将母液加入足够水量。若杂草处于3～5叶期，每亩用药30 g，稀释900～1 000倍液；5～7叶杂草每亩用药40 g，稀释700～800倍液进行防治。生产上采用以“防为主、综合防治”的植保方针，根据香附子具有喜潮湿、不耐干、怕冻、怕阴、怕水淹等特点制定除草计划。在文冠果播种前，可冬季进行深耕但是不旋耕，春季再旋耕打碎晾晒，能部分消灭香附子的块茎，从而减轻对文冠果的危害。使用莎草净采用茎叶处理，在出苗10天以后，杂草3～7叶为最佳施药期，对3叶以下的部分香附子有明显的抑制作用，对大龄香附子有特效。

禾本科杂草：使用精喹禾灵、高效氟吡甲禾灵等高效防除，1年生禾本科杂草，7叶以前每亩用药约50 mL，兑水25～30 kg。

阔叶杂草：使用二甲戊乐灵等高效防除，1年生或多年生阔叶杂草，喷药时需定向喷雾（在喷头处加定向喷雾罩）。杂草2～5叶期，每亩使用药剂40 g兑水25～30 kg，对杂草进行叶面喷雾，喷雾要细致周到。用药后24 h内杂草停止生长，7～10天内杂草开始变黄枯萎，10～15天死亡。定向喷雾茎叶处理时，对杂草叶片进行均匀喷雾，尽量不要喷到苗木幼嫩叶片上。今天浇水，明天施药；湿度大效果好，干旱效果差。

文冠果园除草主要使用以下几种除草剂。

乙草胺：对1年生禾本科杂草和部分阔叶杂草有效，对多年生杂草无效。应掌握在杂草出土前施药，随着土壤墒情的改善，药剂活性增强；在有机质含量低的沙质土壤中使用应用低剂量。

苄嘧磺隆：可以防除1年生和多年生阔叶杂草、莎草科杂草，如鸭舌草、眼子菜、节节菜、陌上菜、牛毛毡、异性莎草、播娘蒿、荠菜、猪殃殃等。对矮慈姑、稗草起抑制作用，对禾本科杂草防效差。该药剂在土壤中移动性小，温度、土质对其影响较小。

乙羧氟草醚：防除多种1年生阔叶杂草。对马齿苋、铁苋、反枝苋、青葙、龙葵防效突出，对苘麻、猪殃殃、婆婆纳、荠菜、繁缕有一定防效。但对蓼、黎、鸭跖草防效一般。施药应严格掌握施药量，且要喷雾均匀，要在晴天施药，施药后4 h不能有降雨。

敌草隆：可以防除大多数1年生和多年生杂草，如马唐、牛筋草、狗尾草、旱稗、黎、苋、蓼、马齿苋、莎草等。文冠果苗出土后不宜施用，砂土地用量少于黏土地，砂性漏水田不宜施用。

精喹禾灵：防除1年生禾本科杂草，如稗草、牛筋草、狗尾草、看麦娘、野燕麦、雀麦、马唐、画眉草等，提高药剂量可以防除狗牙。喷药后2 h降雨对药效影响不大，不必补喷，在天气干燥的情况下，作物叶片可能会出现药害现象，但不会影响产量。

乙氧氟草醚：防治1年生单双子叶杂草，对多年生杂草无效。施药要均匀，应在文冠果苗高于20 cm且为30天以上的壮苗，气温在20 ~ 30℃时施用。

5. 施肥

栽植后的苗木根系处在恢复阶段，吸肥能力弱，可使用0.3% ~ 0.5%的尿素、磷酸二氢钾等进行追肥，早晚对叶面喷洒。待苗木生长旺盛时，再根据“薄肥勤施”的原则，对苗木施入追肥，可每穴每次施入20 g复合肥料。结合施基肥进行春灌，可避免落花落果。

6. 除蘖割灌

文冠果的根蘖和萌蘖萌发力很强，茂密的根蘖和萌蘖枝叶会阻碍通风透光，影响树木生长发育和冠形，要结合中耕除草，及时除蘖。枝干除萌蘖最好选在秋季落叶后。造林地往往有茂盛的杂草、灌木，夏秋季要割灌草，沿栽植行用果枝剪或刀具剪割除去杂草、灌木、藤蔓和萌生的其他枝条。

7. 覆草护穴

山地文冠果林常受春季干旱影响，蒸发量大，水分不足，轻者文冠果生长衰弱，重者影响春季开花授粉和坐果。根据多年经验，连年树盘进行覆草，效果较突出。每年 6 ~ 8 月份的雨季为杂草旺盛生长期，进行松土除草，将除后的杂草灌木或收集梯田壁上的杂草均匀覆盖在树盘上，覆草厚度 10 ~ 20 cm，上压一层薄土或压上一层碎石块以防风刮，一年内可多次进行覆草。树盘覆草使土壤表面形成了一层松软的铺垫层，不仅能拦蓄雨水，减少土壤水分的蒸发和土壤的水土流失，还显著提高林地土壤含水率。有关试验证明，覆草后平均土壤含水率可提高 10%，而且杂草腐烂后能增加土壤中有机质含量，提高土壤肥力，有利于提高单位面积文冠果林的产量。有条件的地方也可以用树盘覆膜的方法。

8. 封禁保护

文冠果新造林地用于公益或者生态需求，要进行封禁保护。封育期内要求：严禁人畜践踏；禁止在幼林内放牧；禁止随意取土、葬坟、采石、采矿；禁止烧木炭；禁止一切野外违规用火，防范森林火灾；禁止猎捕野生动物；禁止破坏封山育林标志。

五、林下经济

在文冠果人工造林后的前几年，为了充分利用幼林行间的空隙，发展林下经济，既可以增加农民的收入，又可以抚育幼林，达到以耕代抚、以副促林、林农双丰收的目的。

（一）文冠果林下经济产业发展的主要模式

1.“林—农”模式

“林—农”模式适用于 1 ~ 2 年树龄的文冠果林地，此时树木小，遮光少，对农作物的影响小，林下可种棉花、花生、大豆、花生等矮秆农作物。这类作物属于浅根作物，高度低于文冠果，不与林木争肥争水，覆盖地表可防止水土流失，改良土壤，秸秆还田又可增加土壤有机质含量。

林农间作要注意以下 4 点：

一是以林为主。林粮间作，必须强调以林为主、林农双丰收的原则，要防止“顾农不顾林”等有碍幼林生长的现象发生。

二是土壤选择。林农间作一般选择在土壤比较湿润、肥沃的立地条件下进行，间作各类作物时更是如此。在比较干旱瘠薄的林地上进行间作，一般选用消耗水肥较少并能改良土壤的豆类或绿肥作物。有条件的地方，春季间作农作物，秋季间种绿肥作物。

三是种类选择。选择作物种类时，应考虑树种的特性和年龄。文冠果树龄较大时，宜选择间作矮秆耐阴作物，如间作花生；树龄较小时，可选棉花、大豆、小麦等作物，但只能在造林后 1 ~ 2 年内进行间作。

四是间作要求。间作一般在幼树行间进行，作物与幼树的距离应满足树木能得到上方光照而造成侧方庇荫，且作物根系不与幼树根争水、肥。间作作物要与林木保持一定距离，一般在 50 cm 以上，以免过多损伤幼树根系。要做到作物秸秆还地，坡度在 20° 以上的地方避免全面抚育与间种作物。

2.“林—药”模式

通过利用文冠果林下和林荫优势，在林下种植适宜的中药材，进行立体复合生产经营与示范。适宜在林间套种的中药包括芍药、牡丹、黄精等。同时，可规划建设栈道、休闲茶室、户外休闲活动场地等生态型服务设施，实现资源共享，优势互补，打造休闲旅游示范基地（图 3-26）。

林间套种中药材，一定要根据药材和林园的实际情况，因地制宜，合理安排，否则会产生不良影响。第一，要根据文冠果与中药材的生物学特性，组成合理的田间结构，如选用的中药材品种要耐阴、浅根；第二，配置比例要适当坚持以“文冠果为主，优势互补”的原则；第三，要间套种本地的特优药材、道地药材；第四，加强田间管理，互促互利，控制矛盾，以确保双丰收。

图 3-26　文冠果套种药材

3.“林—花”模式

林下环境阴湿温凉、腐殖质丰富，适宜多数阴生植物的生长，比如萱草、百合等。该模式下，植株的选择非常关键。建议选取株高 50 ~ 70 cm 的植株为佳，同时要考虑植株的耐阴性，可考虑宿根植株。林下套种植株应管理简单、景观效果稳定，可形成具有视觉效果的休闲农业景观，可持续多年观赏。

4.“林—菜”模式

适宜文冠果林下生长的蔬菜品种繁多，比如菠菜、辣椒、甘蓝、洋葱、大蒜等。可根据林间光照程度和蔬菜的喜光性选择蔬菜种类，也可根据林、菜二者的生长季节差异选择品种，比如冬春季在林下种植大蒜、圆葱，夏秋季套种冬瓜和南瓜等。

林下套种蔬菜好处很多，可以熟化土壤，也能带来一定的经济效益。综合测算，林下种植蔬菜，每亩年收入在 700 ~ 1 200 元。此外，还可以结合休闲农业，开发组织农耕体验、农耕教育、采摘观光等活动。

5.“林—畜”模式

林地养畜有两种。一是放牧，即林间种植牧草或者保留自然生长的杂草，发展猪、羊等养殖业。林地养殖有利于家畜的生长繁育，同时为畜群提供了优越的生活环境，有利于防疫。二是舍饲饲养家畜，如林地养殖肉猪。由于林地有树冠遮阴，夏季温度比外界气温平均低 2～3℃，比普通封闭畜舍平均低 4～8℃，更适宜家畜的生长。

6.“林—禽”模式

以文冠果林地作为养殖基地，可在林下放养或圈养鸡、鸭、鹅等禽类，不仅充分利用了间隙地，增加农户收入，还可以让家禽得到更适宜的生长环境。

第一，树木为家禽遮阴，是家禽的天然氧吧，通风降温，便于防疫，十分有利于家禽的生长。

第二，林地里杂草丛生，各种昆虫非常多，为鸡、鸭、鹅提供了丰富的食物，这样的肉蛋类产品绿色无公害，价格高、市场好。

第三，家禽可以为林地消灭害虫，其粪便还可以为林地提供肥料，从而形成良性的生物链，有利于实现林牧业和谐发展。

第四，在林地建立禽舍，省时、省料、省遮阳网，投资少，禽产品市场好、价格高，属于绿色无公害禽产品（图 3-27）。

图 3-27　文冠果林下养殖

7.“林—菌”模式

文冠果林下种植菌类，菌种选择很重要。按照营养类型或生态习性，菌种大致可以分为腐生型食用菌、寄生型食用菌和共生型食用菌。腐生型食用菌需水较多，种植劳动强度大，且只有出菇和采收环节在林下进行，这类食用菌对林地资源只是单向需求的关系。因文冠果为肉质根，怕涝，不耐积水，此类食用菌不适合在文冠果林下种植。共生型食用菌是指与植物共生的食用菌，可帮助树木活体吸收土壤中的营养，促进树木生长，其生活习性完全不同于以消耗木材资源为代价的腐生型食用菌。很多共生型食用菌有着相当高的经济价值，如大球盖菇、羊肚菌、松茸等，它们风味独特、营养丰富，已经成为高档农产品市场上的佼佼者，值得推广。不仅如此，共生型食用菌的采用、贸易活动在解决农村家庭生计、促进就业等方面发挥着积极作用，可结合脱贫攻坚、天然林保护、自然保护区生态补偿、替代产业开发、退耕还林等项目综合开展，从而达到事半功倍的效果（图 3–28、图 3–29）。

图 3–28　整地点种情况

图 3–29　生长出菇情况

在以上模式基础上，各地还可根据自然条件、林木生长状况、自身经济技术条件和市场环境，不断丰富，综合发展，灵活开发“林—花—药—游”“林—草—禽—游”“林—果—草—禽—游”“林—果—药—虫—游”等适宜模式，多元化发展。

六、设置防风林

5-6 月份，内蒙古、新疆、甘肃、宁夏等北方地区常有大风，文冠果处于花期和初果期，最易遭受风害。通过合理设计来确定防风林的位置，可以保护文冠果树体免受大风的破坏和喷沙的影响。设置防风林，可以减少大风对树体的伤害，如主干断裂、嫁接口发生扭曲、果实之间相互摩擦等，并改善树体整形修剪后伤口处的干燥现象；同时，可以减少风对喷雾作业的干扰，提高喷雾的覆盖率，减少喷雾漂移。有条件的地区，要在垂直主风方向营造 2 ~ 5 行高大乔木，行内再种植沙枣、紫穗槐和其他灌木，作为防风林带，可有效地减缓风速，保持一定湿度，增加文冠果的产量。

第 2 节　主要类型和品种

一、主要类型

文冠果类型划分有多种方法，敖妍根据性状稳定性和易识别性，确定花瓣单重、花色、果实形状为文冠果天然类型划分指标。从生物质能源树种角度，可将文冠果划分为结实型和观花型。其中，结实型包括单瓣白花型，根据果实形状将其进一步划分为小球果、大球果、扁球果、倒卵果、桃形果、三棱果、圆柱果 7 种类型；观花型包括单瓣红花型、重瓣紫红型、重瓣黄花型 3 种类型。单瓣白花型在各地区都是最主要的类型，分布比率 >95%。现在已经根据各果实类型经济性状选择出适合松辽平原西部赤峰市翁牛特旗地区、阿鲁科尔沁旗地区、豫西山地三门峡市陕州区以及冀北山地承德地区等不同地区的文冠果优良类型。

图 3-30 形态各异的文冠果树

吴伟光根据叶型，将文冠果划分为披针型、阔披针型、卵型等；根据枝型，将文冠果划分为朱红无毛型、褐红有毛型和中间型等；根据果实和种子产量，将文冠果划分为高产型、中产型、低产型和不结果型；根据果实和种子品质，将文冠果划分为高出籽出油型、中出籽出油型和低出籽出油型；根据生长性状和结实性状，将文冠果天然类型划分为低产乔木型、低产灌木型、高产乔木型和高产灌木型（图 3-30）；根据文冠果的开发用途，将文冠果划分为果用丰产型、叶用丰产型、油用丰产型、观赏兼果用型、观赏型等。

根据嫩梢有无绒毛，可以将文冠果划分为有毛类型和无毛类型。有毛类型嫩梢及叶片背面具有短绒毛，枝梢及叶背面呈灰褐色，产量低且不稳定。无毛类型枝梢和叶片光滑无毛，枝梢呈褐色，小叶较大，平展或卷曲，产量较高、较稳定，丰产性能较明显。

二、主要新品种

根据国家林业和草原局植物新品种保护办公室官网提供数据，截止至 2023 年 12 月，文冠果正式授权新品种已达 81 个，这些申报的新品种丰富了文冠果的表型性状，授权后为推荐标准新品种提供了后备资源，也将为文冠果遗传多样性的保护起到重要作用。以下是截止至 2023 年 12 月正式授权的文冠果新品种（图 3-31、表 3-5）。

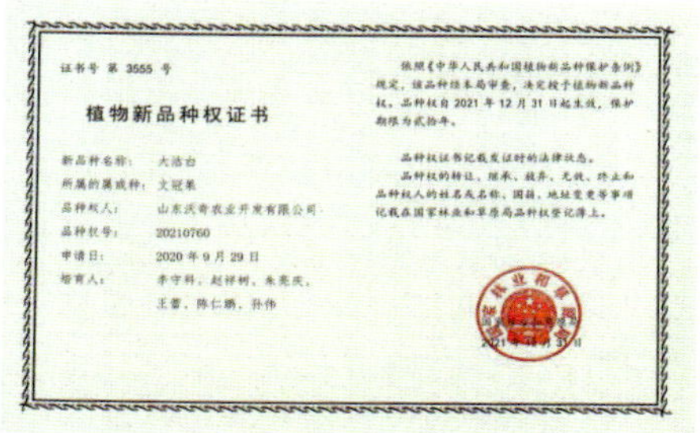
证书号 第 3555 号
植物新品种权证书
新品种名称：大法台
所属的属或种：文冠果
品种权人：山东沃奇农业开发有限公司
品种权号：20210760
申请日：2020 年 9 月 29 日
培育人：李守科、赵祥树、朱亮庆、王蕾、陈仁鹏、孙伟
依照《中华人民共和国植物新品种保护条例》规定，该品种经本局审查，决定授予植物新品种权。品种权自 2021 年 12 月 31 日起生效，保护期限为贰拾年。
品种权证书记载发证时的法律状态。
品种权的转让、继承、放弃、无效、终止和品种权人的姓名或名称、国籍、地址变更等事项记载在国家林业和草原局品种权登记簿上。
2021 年 12 月 31 日

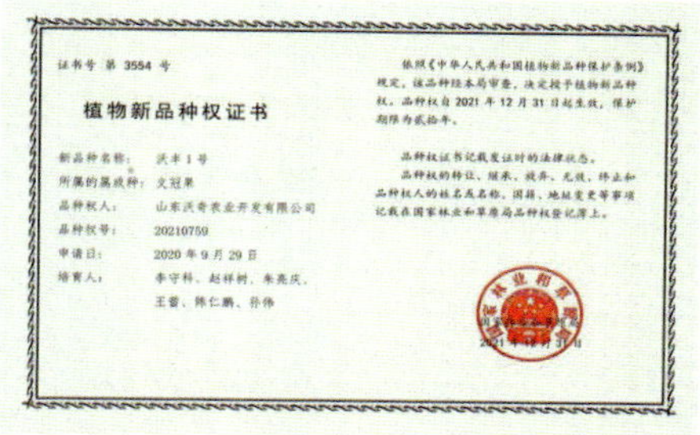
证书号 第 3554 号
植物新品种权证书
新品种名称：沃丰 1 号
所属的属或种：文冠果
品种权人：山东沃奇农业开发有限公司
品种权号：20210759
申请日：2020 年 9 月 29 日
培育人：李守科、赵祥树、朱亮庆、王蕾、陈仁鹏、孙伟
依照《中华人民共和国植物新品种保护条例》规定，该品种经本局审查，决定授予植物新品种权。品种权自 2021 年 12 月 31 日起生效，保护期限为贰拾年。
品种权证书记载发证时的法律状态。
品种权的转让、继承、放弃、无效、终止和品种权人的姓名或名称、国籍、地址变更等事项记载在国家林业和草原局品种权登记簿上。
2021 年 12 月 31 日

证书号 第 3553 号
植物新品种权证书
新品种名称：沃红 8 号
所属的属或种：文冠果
品种权人：山东沃奇农业开发有限公司
品种权号：20210758
申请日：2020 年 9 月 29 日
培育人：李守科、赵祥树、朱亮庆、王蕾、陈仁鹏、孙伟
依照《中华人民共和国植物新品种保护条例》规定，该品种经本局审查，决定授予植物新品种权。品种权自 2021 年 12 月 31 日起生效，保护期限为贰拾年。
品种权证书记载发证时的法律状态。
品种权的转让、继承、放弃、无效、终止和品种权人的姓名或名称、国籍、地址变更等事项记载在国家林业和草原局品种权登记簿上。
2021 年 12 月 31 日

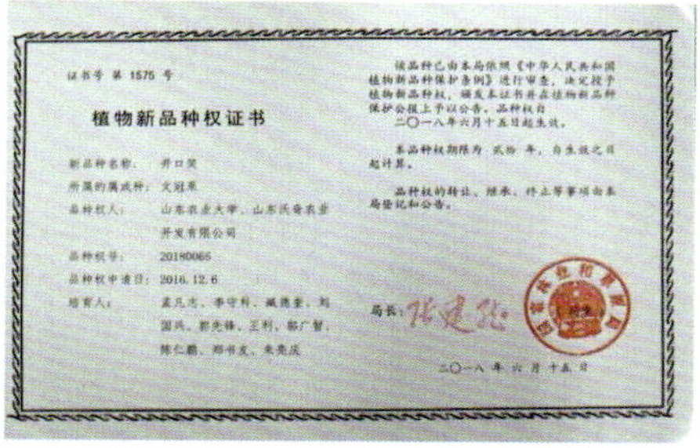
证书号 第 1575 号
植物新品种权证书
新品种名称：丹口笑
所属的属或种：文冠果
品种权人：山东农业大学、山东沃奇农业开发有限公司
品种权号：20180066
品种权申请日：2016.12.6
培育人：孟凡志、李守科、臧德奎、刘国兴、郭先锋、王利、郭广智、陈仁鹏、邢书友、朱亮庆
该品种已由本局依照《中华人民共和国植物新品种保护条例》进行审查，决定授予植物新品种权，颁发本证书并在植物新品种保护公报上予以公告。品种权自二〇一八年六月十五日起生效。
本品种权期限为 贰拾 年，自生效之日起计算。
品种权的转让、继承、终止等事项由本局登记和公告。
局长：
二〇一八年六月十五日

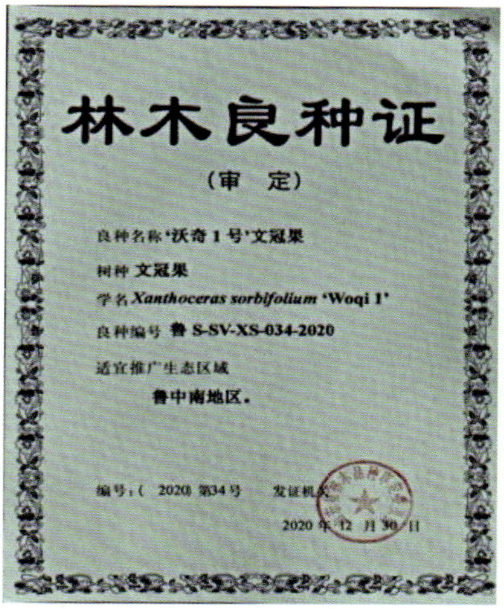
林木良种证
（审 定）
良种名称'沃奇 1 号'文冠果
树种 文冠果
学名 *Xanthoceras sorbifolium* 'Woqi 1'
良种编号 鲁 S-SV-XS-034-2020
适宜推广生态区域
鲁中南地区。
编号：（2020）第34号 发证机关
2020 年 12 月 30 日

林木良种证
（审 定）
良种名称'沃奇 2 号'文冠果
树种 文冠果
学名 *Xanthoceras sorbifolium* 'Woqi 2'
良种编号 鲁 S-SV-XS-035-2020
适宜推广生态区域
鲁中南地区。
编号：（2020）第35号 发证机关
2020 年 12 月 30 日

图 3-31 文冠果新品种和良种（部分）

表 3-5　文冠果授权新品种相关情况（截至 2023 年 12 月）

序号	品种权号	品种名称	培育人	品种权人
1	20140083	森淼文冠果	王娅丽等	宁夏森淼种业生物工程有限公司 北京林业大学
2	20170034	妍华	敖妍等	俏东方生物燃料集团有限公司 中国林业科学研究院林业研究所
3	20170051	森淼金紫冠	王娅丽等	宁夏林业研究院股份有限公司 北京市大东流苗圃
4	20170054	独秀 1 号	刘春和等	北京林业大学 北京思路文冠果科技开发有限公司
5	20170055	金冠霞帔	关文彬等	北京林业大学 辽宁思路文冠果业科技开发有限公司
6	20170056	匀冠锦霞	王青等	北京思路文冠果科技开发有限公司 北京林业大学
7	20170083	森淼金粉冠	王娅丽等	宁夏林业研究院股份有限公司
8	20170084	森淼重瓣冠	王娅丽等	宁夏林业研究院股份有限公司
9	20170085	森淼桃红冠	王娅丽等	宁夏林业研究院股份有限公司
10	20180038	金帝 1 号	关文彬等	北京林业大学 辽宁思路文冠果业科技开发有限公司
11	20180065	开口笑	孟凡志等	山东农业大学 山东沃奇农业开发有限公司
12	20180121	中石 4 号	王利兵等	中国林业科学研究院林业研究所 彰武县德亚文冠果专业合作社
13	20180122	中石 9 号	王利兵等	中国林业科学研究院林业研究所 彰武县德亚文冠果专业合作社
14	20180275	典泛一品	毕泉鑫等	中国林业科学研究院林业研究所 北京艾比蒂生物科技有限公司

（续表）

序号	品种权号	品种名称	培育人	品种权人
15	20180276	明月丹心	毕泉鑫等	中国林业科学研究院林业研究所 北京艾比蒂生物科技有限公司
16	20180307	金公主9号	王俊杰等	北京林业大学 辽宁思路文冠果业科技开发有限公司 北京思路文冠果科技开发有限公司
17	20180308	金王1号	黄炎子等	北京林业大学 辽宁思路文冠果业科技开发有限公司 北京思路文冠果科技开发有限公司
18	20180309	金王2号	王馨蕊等	北京林业大学 辽宁思路文冠果业科技开发有限公司 北京思路文冠果科技开发有限公司
19	20180310	金帝3号	周祎鸣等	北京林业大学 辽宁思路文冠果业科技开发有限公司 北京思路文冠果科技开发有限公司
20	20180375	圆大硕种	王利兵等	中国林业科学研究院林业研究所 彰武县德亚文冠果专业合作社
21	20180376	悄然薄壳	毕泉鑫等	中国林业科学研究院林业研究所 彰武县德亚文冠果专业合作社
22	20190062	妍夏	敖妍等	北京林业大学 胜利油田胜大生态林场 （东营市试验林场）
23	20190063	妍希	敖妍等	北京林业大学 胜利油田胜大生态林场 （东营市试验林场）
24	20190083	蒙冠1号	段磊等	赤峰市林业科学研究院 内蒙古文冠庄园农业科技发展有限公司

（续表）

序号	品种权号	品种名称	培育人	品种权人
25	20190084	蒙冠 2 号	张丽等	赤峰市林业科学研究院 内蒙古文冠庄园农业科技发展有限公司
26	20190085	蒙冠 3 号	杨素芝等	赤峰市林业科学研究院 内蒙古文冠庄园农业科技发展有限公司
27	20190087	金公主 1 号	王青等	北京林业大学 辽宁思路文冠果业科技开发有限公司 北京思路文冠果科技开发有限公司
28	20190088	金帝 5 号	王青等	北京林业大学 辽宁思路文冠果业科技开发有限公司 北京思路文冠果科技开发有限公司
29	20190089	金公主 3 号	郭庆等	内蒙古文冠庄园农业科技发展有限公司 北京林业大学 赤峰市林业科学研究院
30	20190090	金公主 7 号	向秋虹等	北京林业大学 赤峰市林业科学研究院 北京思路文冠果科技开发有限公司
31	20190316	浑然厚壳	毕泉鑫等	中国林业科学研究院林业研究所
32	20190317	中硕 1 号	于海燕等	中国林业科学研究院林业研究所
33	20190318	中良 1 号	毕泉鑫等	中国林业科学研究院林业研究所
34	20190319	天使之吻	于海燕等	中国林业科学研究院林业研究所
35	20200033	金公主 4 号	王青等	北京林业大学 内蒙古文冠庄园农业科技发展有限公司 辽宁思路文冠果业科技开发有限公司

（续表）

序号	品种权号	品种名称	培育人	品种权人
36	20200034	金公主 5 号	向秋虹等	北京林业大学 辽宁思路文冠果业科技开发有限公司 北京思路文冠果科技开发有限公司
37	20200035	金公主 8 号	周祎鸣等	北京林业大学 内蒙古文冠庄园农业科技发展有限公司 辽宁思路文冠果业科技开发有限公司
38	20200385	辽冠 1 号	孟庆洲等	大连民族大学 朝阳市燕都农业科学技术研究所 辽宁省林业发展服务中心
39	20200432	中石 1 号	毕泉鑫等	中国林业科学研究院林业研究所 彰武县德亚文冠果专业合作社 辽宁省林业发展服务中心
40	20200433	中石 7 号	王利兵等	中国林业科学研究院林业研究所 彰武县德亚文冠果专业合作社 辽宁省林业发展服务中心
41	20210036	妍蕊	敖妍等	北京林业大学 胜利油田胜大生态林场（东营市试验林场）
42	20210037	妍紫	敖妍等	北京林业大学 胜利油田胜大生态林场（东营市试验林场）
43	20210038	妍东	刘金凤等	胜利油田胜大生态林场（东营市试验林场） 北京林业大学

（续表）

序号	品种权号	品种名称	培育人	品种权人
44	20210220	妍雪	敖妍等	北京林业大学 辽宁文冠实业开发有限公司
45	20210399	妍柳	敖妍等	北京林业大学 辽宁文冠实业开发有限公司
46	20210400	妍雅	敖妍等	北京林业大学 辽宁文冠实业开发有限公司
47	20210461	辽冠 8 号	阮成江等	大连民族大学 辽宁文冠实业开发有限公司
48	20210512	森淼橙红冠	王娅丽等	宁夏林业研究院股份有限公司
49	20210513	森淼红粉冠	王娅丽等	宁夏林业研究院股份有限公司
50	20210758	沃红 8 号	李守科，赵祥树等	山东沃奇农业开发有限公司
51	20210759	沃丰 1 号	李守科，赵祥树等	山东沃奇农业开发有限公司
52	20210760	大洁白	李守科，赵祥树等	山东沃奇农业开发有限公司
53	20220155	奇红 2 号	丁世民，李守科等	潍坊职业学院 山东沃奇农业开发有限公司
54	20220192	尖尖角	王磊等	山东省林草种质资源中心（原山东省林木种质资源中心） 山东林昱宏文冠果有限公司
55	20220193	小珍珠	赵永军等	山东省林草种质资源中心（原山东省林木种质资源中心） 山东林昱宏文冠果有限公司
56	20220194	大珍珠	解孝满等	山东省林草种质资源中心（原山东省林木种质资源中心） 山东林昱宏文冠果有限公司

（续表）

序号	品种权号	品种名称	培育人	品种权人
57	20220454	金珀	张鑫洋等	山东林昱宏文冠果股份有限公司 山东省林草种质资源中心
58	20220455	绯豆	王震等	山东林昱宏文冠果股份有限公司 山东省林草种质资源中心
59	20230139	金夏	解孝满等	山东林昱宏文冠果股份有限公司 山东省林草种质资源中心
60	20230140	半如意	陆璐等	山东林昱宏文冠果股份有限公司 山东省林草种质资源中心
61	20230141	将军帽	吴丹等	山东林昱宏文冠果股份有限公司 山东省林草种质资源中心
62	20230145	金螺	赵永军等	山东林昱宏文冠果股份有限公司 山东省林草种质资源中心
63	20230147	如意	吴丹等	山东林昱宏文冠果股份有限公司 山东省林草种质资源中心
64	20230220	匀冠凝霞	王馨蕊等	北京林业大学
65	20230221	匀冠卷霞	王馨蕊等	北京林业大学 北京思路文冠果科技开发有限公司
66	20230222	匀冠舒霞	任钰欣等	北京思路文冠果科技开发有限公司 北京林业大学
67	20230338	匀冠芬霞	徐丽等	北京林业大学 淄博川林文冠苗木种植有限公司 秦皇岛常继民文冠果种植专业合作社
68	20230339	匀冠漫卷	王馨蕊等	北京林业大学 淄博川林文冠苗木种植有限公司 秦皇岛常继民文冠果种植专业合作社

（续表）

序号	品种权号	品种名称	培育人	品种权人
69	20230340	匀冠霞帔	王馨蕊等	北京林业大学 淄博川林文冠苗木种植有限公司 秦皇岛常继民文冠果种植专业合作社
70	20230344	匀冠橙霞	任钰欣等	北京林业大学 秦皇岛常继民文冠果种植专业合作社 淄博川林文冠苗木种植有限公司
71	20230347	匀冠艳霞	常金玲等	秦皇岛常继民文冠果种植专业合作社 淄博川林文冠苗木种植有限公司 北京林业大学
72	20230348	匀冠蕴霞	翟慎学等	淄博川林文冠苗木种植有限公司 秦皇岛常继民文冠果种植专业合作社 北京林业大学
73	20230349	匀冠紫霞	翟慎学等	淄博川林文冠苗木种植有限公司 秦皇岛常继民文冠果种植专业合作社 北京林业大学
74	20230350	匀冠馥霞	常金玲等	秦皇岛常继民文冠果种植专业合作社 淄博川林文冠苗木种植有限公司 北京林业大学
75	20230352	匀冠曲霞	孙阔等	北京林业大学 淄博川林文冠苗木种植有限公司 秦皇岛常继民文冠果种植专业合作社
76	20230353	匀冠郁霞	翟慎学等	淄博川林文冠苗木种植有限公司 秦皇岛常继民文冠果种植专业合作社 北京林业大学
77	20230357	金冠卷霞	关文彬等	北京林业大学 秦皇岛常继民文冠果种植专业合作社 淄博川林文冠苗木种植有限公司

（续表）

序号	品种权号	品种名称	培育人	品种权人
78	20230481	纤秀	赵永军等	山东省林草种质资源中心 山东林昱宏文冠果股份有限公司
79	20230482	长锦	张鑫洋等	山东省林草种质资源中心 山东林昱宏文冠果股份有限公司
80	20230483	团锦	王震等	山东省林草种质资源中心 山东林昱宏文冠果股份有限公司
81	20230485	黄冠	解孝满等	山东省林草种质资源中心 山东林昱宏文冠果股份有限公司

三、山东省主要文冠果良种

根据《中华人民共和国种子法》《主要林木品种审定办法》和《山东省种子条例》相关规定，经国家林业和草原局林木品种审定委员会和山东省林草品种审定委员会审定，截至2023年12月，正式通过审定和认定的国家级文冠果林木良种3个，省级文冠果良种11个。山东省各大科研院所和企业高度注重文冠果发展，截至2023年12月，山东省共审定或认定的文冠果良种11个，分别为山油1号、山油2号、沃奇1号、沃奇2号、鲁冠1号、鲁冠2号、鲁冠3号、鲁冠4号、鲁冠5号、鲁冠6号、鲁冠7号（表3–6）。

文冠果良种的推广，必将推动文冠果木本油料资源产业化可持续发展，为当地林农脱贫致富起到引领与示范作用，为实施乡村振兴战略做出重要贡献。

表3–6　山东省审定和认定的文冠果良种情况

序号	良种名称	特性	适宜地区	授权号
1	山油1号	树姿半开张，健壮枝条萌芽力、成枝力较高；嫁接后第4年单株种子产量1 236 g，株产油333 g；蒴果椭圆形，种子圆形，种子单粒重1.33 g，出仁率49.92%，种仁脂肪含量54%，蛋白质含量26%	鲁中南地区	鲁S–SV–XS–021–2020
2	山油2号	树姿半直立，生长健壮；嫁接后第4年单株种子产量1 195 g，株产油337 g；蒴果长椭圆形，种子倒椭圆形，种子单粒重1.21 g，出仁率48.73%，种仁脂肪含量57.9%，蛋白质含量23.2%	鲁中南地区	鲁S–SV–XS–022–2020

（续表）

序号	良种名称	特性	适宜地区	授权号
3	沃奇1号	树体开张，花量大，花色艳丽；花瓣展开姿态较直，花冠端庄，花冠径13.25 mm，花长13.05 mm；花瓣厚润，花瓣长17.42 mm，瓣宽8.41 mm，瓣宽/瓣长为0.49，花瓣外侧颜色随开花天数从黄绿色渐变为紫色，花瓣内侧颜色随开花天数由黄绿色渐变为粉紫色，盛花期花瓣紫色；盛花期4月上、中旬，单花期9天左右	鲁中南地区	鲁S-SV-XS-034-2020
4	沃奇2号	树体开张，生长旺盛，花量大，花色艳丽；花冠外翻，花冠径16.80 mm，花长13.02 mm；花瓣长16.42 mm，瓣宽8.34 mm，瓣宽/瓣长为0.51，盛花期花瓣端部卷曲；花瓣外侧颜色随开花天数从黄绿色渐变为紫色，花瓣内侧颜色随开花天数由黄绿色渐变为粉紫色，盛花期花瓣紫色；盛花期4月上、中旬，单花期7天左右	鲁中南地区	鲁S-SV-XS-035-2020
5	鲁冠1号	树势较强，生长量大，冠形丰满；花序数量较多，单花序花量中等；花径较大，花瓣分离、横卷，盛花期花瓣通体红色；结实较少；在淄博市临淄区4月上、中旬开花，单花期10天左右	山东文冠果适宜栽培区	鲁S-SV-XS-028-2022
6	鲁冠2号	树势较强，冠形丰满；花序数量极多，观赏特点突出，花径较大，花瓣分离，纵卷；盛花期花瓣通体紫红色；结实较少；在淄博市临淄区4月上旬开花，单花期10天左右	山东文冠果适宜栽培区	鲁S-SV-XS-029-2022

（续表）

序号	良种名称	特性	适宜地区	授权号
7	鲁冠3号	树势中等，冠形丰满；花序数量中等，花径中等；花瓣倒阔卵形，特点突出；在淄博市临淄区4月中旬开花，单花期10天左右	山东文冠果适宜栽培区	鲁S-SV-XS-030-2022
8	鲁冠4号	生长势中等，枝条密，侧生花序具雌花，蒴果短柱形，3心皮，种子排列密度中等；嫁接后第5年3处试验地平均单株种子产量1.57 kg，平均单粒重1.04 g，出仁率50.2%，种仁含油率64.9%，种仁脂肪酸构成中不饱和脂肪酸占比92.2%	山东文冠果适宜栽培区	鲁S-SV-XS-034-2023
9	鲁冠5号	树势较强，冠形丰满；花序数量较多，花径极小；花瓣分离，兼具纵卷、横卷；不结实；在淄博市临淄区4月中旬开花，单花期10天左右	山东文冠果适宜栽培区	鲁S-SV-XS-031-2022
10	鲁冠6号	生长势强，枝条较密，可孕花序数量多，雌花占比70%以上，蒴果短柱形，3心皮，种子排列紧密；嫁接后第5年3处试验地平均单株种子产量1.53 kg，平均单粒重1.10 g，出仁率50.5%，种仁含油率58.9%，种仁脂肪酸构成中不饱和脂肪酸占比93.5%	山东文冠果适宜栽培区	鲁S-SV-XS-035-2023
11	鲁冠7号	生长势中等，枝条密度中等，侧生花序具雌花，蒴果球形，3心皮，种子排列紧密；嫁接后第5年3处试验地平均单株种子产量1.50 kg，平均单粒重1.06 g，出仁率51.9%，种仁含油率63.3%，种仁脂肪酸构成中不饱和脂肪酸占比94.9%	山东文冠果适宜栽培区	鲁S-SV-XS-036-2023

第4章　文冠果花果管理和整形修剪

第1节　花果管理

文冠果和其他果树一样，也有明显的落果现象。山东地区文冠果从开花盛期开始20天左右，会出现部分幼果短时间集中脱落现象；20天后陆续又有少量果实脱落，持续时间较长，二次落果造成“千花一果”现象。究其原因，首先，文冠果主要栽种在山地、荒地和盐碱地上，土壤贫瘠干旱，缺乏人工细致管理，本身就得不到充足的有机养料进行生长发育，必然导致果实由于营养不良而脱落；其次，文冠果树株雄花量大，其发育和开花消耗了大量营养，剩余的养分不足以支持太多的果实生长；再次，总体雄花花粉量较少，很容易授粉不良。种种原因的共同作用，造成了文冠果落果的发生。

文冠果雌花多在旺盛中长枝顶端，少部分是在其距顶端较近的侧花芽上，而雄花花芽都在大中小侧枝上，大部分树木开花后雄花密布整个树体，雌花较少，主要是因为雄花花粉量少，必须有大量的雄花才能保证完成授粉。解决落花问题的关键是合理施肥、防治病虫和科学修剪以增强树势。最主要的是要选择花粉量大的雄花优树，作为雌花的授粉树，为以后优树无性系配置授粉用。随机选取 10 株 6 年生植株调查，雌雄花数量见表 4-1。

表 4-1　雌雄花情况调查表

株号	雄花数量 / 朵	雌花数量 / 朵	雌雄花比例 /%
1	12 356	3 046	24.7
2	13 789	4 968	36.0
3	6 473	5 352	82.7
4	7 654	3 862	50.5
5	14 620	3 651	25.0
6	19 685	2 648	13.5
7	4 562	967	21.2
8	14 256	3 084	21.6
9	8 876	4 053	45.7
10	13 958	4 687	33.6
平均	11 622.9	3 631.8	35.45

有人认为，对于开花量过大的树，可适度疏花。这种办法虽然可用，但文冠果花过密，如果栽植面积比较大，操作非常麻烦，费力费时。可以采用疏果的方法，自然状态下文冠果幼果期落果严重，坐果率仅为 2.2% ~ 6.3%，当果实长到小枣大小时要及时疏果，留果量应根据树势、结果的疏密和土壤肥沃程度来定，总体上 1 个果实应该有 30 ~ 60 片复叶供应养分，同一个果序有 3 ~ 5 个果子，所处空间周围的复叶保持在 200 张

叶片比较合适。

一、良种选育

选择文冠果优良品种建园是实现稳产高产的重要因素之一。文冠果属于异花授粉植物，长期处于野生状态，类型十分混杂，单株的树体结构、开花结实习性、坐果率、抗性等都有不同表现，产量上也相差悬殊。在开花方面，由于文冠果单株间存在差异，除花期不同外，开花数量和雌（孕花）雄（不孕花）比例均不同，多数植株雄花多雌花少，但也有的植株雌花多雄花少，还有个别植株花重瓣但没有可孕花。在文冠果良种选育上，要选择雌花比例大、长势壮、抗性强的优良树种进行选育繁殖，以此来提高保花保果率，促进稳产、丰产（图4-1）。

图4-1 文冠果良种选育

二、肥水管理

施肥、灌水能使文冠果树体旺盛生长，促进叶片进行光合作用，制造更多的营养物质供给树体开花结果。实践表明，对文冠果施肥灌水的效果很好。如果施入质量较好的鸡粪、猪圈肥，肥效期长，增产量大，文冠果种子含油量也高。文冠果落花落果现象比较严重，根本原因还是营养不足。如果植株本身很健壮，体内养分充足，完全供给开花结果需要的大量养分，也不是太大的问题，所以全年强壮树体才是正途。可以将树体需要加强营养的时期分为 3 个阶段。

（一）第 1 阶段（越冬阶段）

从西至甘肃、东到山东、北至辽宁南部、南到河南的区域内，春冬季雨雪少，干旱多风，土壤和树体的水分蒸腾量很大，越冬期间要消耗树体贮存的很多水分和养分。4 ~ 6 月间，文冠果要进行生根、发芽、开花、抽枝、坐果等一系列生长发育过程，又要消耗树体养分和水分。6 月以后是果实膨大、种子成熟及次年花芽形成期，也需要一定养分。结果后，树体消耗营养，处于极度虚弱的状态，需要尽快补充养分，以恢复树体。这一区域的秋季（8 月末~ 10 月末）干旱，雨水较少，而树体的叶面积大，消耗水分和养分多，而且采收后树体要恢复，还要积累养分，所以秋季肥水管理不仅对当年树体恢复有影响，而且对次年的产量有重要影响。因此，在果实采收后（7 月下旬~ 8 月上旬）追肥灌水，10 月末施基肥灌足冬水效果最佳。

（二）第 2 阶段

春季的肥水管理要加强，花前（4 月上旬）施肥灌水 1 次，根据哲里木盟林业科学研究所试验，每株文冠果施硫酸铵 0.15 kg，并和对照比较。结果表明，施肥、灌水区文冠果可孕花坐果率为 8.9%，对照区文冠果可孕花坐果率为 2.6%，施肥、灌水区文冠果种子产量比对照区文冠果增产 72.77%。

（三）第 3 阶段

花后半个月左右，对盛果期的文冠果每株一次性施入 0.25 ~ 1 kg 复合肥；也可分为 3 次进行，每次相隔 10 天，每次施入 0.1 ~ 0.4 kg。追施时不能追施太深，不要伤损较大的根系，以免造成不良后果。

通过试验发现，一般幼龄植株可采用轮状或放射状施肥法。根据树冠大小和根系分布，将肥料与沟内土壤拌匀，上面覆土。下次追肥可根据树冠扩张程度，变换开沟位置。

三、修枝疏花

合理整形修剪，对幼树定干，可以降低树体的高度，利于果园的日常管护和果实的采收，并提高产量。

文冠果大树修剪能促使枝条剪口下 1 ~ 3 芽抽生的花序开放两性花，提高花的孕花率，使单株产量提高 70%。因此，合理修剪可以有效提高文冠果可孕花数量。同时，通过改变枝接方式，可以将低产树通过高接换头转变成高产树。

在 11 月至次年 3 月间，进行轻度剪枝（图 4–2）。通过整形修剪，可控制树冠生长，减少树体养分消耗，促进枝条健壮生长，减少机械落果，增加产量；在 4 月上旬开花时，中度疏花 1 次；4 月下旬盛花期二次疏花，将花序顶端 1 /3 剪去，将花梗基部生出的新芽抹去，同时疏去无效花序，此时可见露出幼果。通过修枝疏花，可提高坐果率 30% 以上。

图 4–2　修枝

四、补充微量元素

在晴天早晨露水下去后至傍晚，选用 0.3% 硼酸、2% 高锰酸钾或 10% 磷酸二氢钾，配成低浓度的水溶液，用喷雾器均匀喷到叶片和花蕾上，通过叶片和花吸收到树体内。不能掌握浓度的，可进行预喷试验，找出合适浓度，以减少药害。如喷后 5 h 内遇雨，要及时补喷。

五、人工授粉

因本株自花授粉率低，文冠果开展人工授粉无需进行去雄。开花时，不用将可孕花套袋，就可现场收集花粉，直接进行不同株之间的异花人工授粉。异花人工授粉后，同一花序的果实发育较为均匀，结实率较高。授粉后 20 天左右，同花序上某些果实会出现间断零散的萎缩干枯的败育现象，30 天后又会再次出现果实落果现象。这是树体营养不足、果实缺乏营养所致，属于生理落果现象。自花授粉处理的花序 7 ~ 10 天就全部萎蔫死亡，表明文冠果自花授粉很难结实（表 4-2）。

表 4-2　文冠果不同授粉情况对照

授粉方式	可孕花授粉数量	20 天的结果率 /%	35 天的结果率 /%	最终结果率 /%
人工授粉	253	95	31.2	30
自花授粉	125	12	0	0
自然授粉	314	65	19.5	18

表 4-2 中，人工异花授粉最终结果率达到 30%，自花授粉为 0，而自然授粉为 18%。这表明，人工辅助授粉对提高文冠果结实率具有显著作用。虽然人工授粉能解决花的授粉问题，但在多果的花序上，每一个单花都发育为完整果实的话，需要消耗大量的营养，会造成留存果实后期发育营养不足（图 4-3）。

图 4-3　人工授粉

如果文冠果栽植在干旱瘠薄的土地上，在北方冬季干旱或大风情况下人工施肥和浇水不及时，势必引起次年结果期果实争夺营养，若树体营养不足则会败育。

在自然授粉条件下，文冠果不孕花虽然花量大，但是花粉量少，昆虫授粉活动又不多，文冠果完成受精作用的花粉有限。因此，如何提高授粉受精效率也是提高文冠果产量的关键之一。但是，很难在文冠果园子内大规模进行人工授粉，所以可以选择花粉量大的优树，形成花粉量大的无性系群，作为可孕花的授粉树，为以后配置在优树品种园内进行自然授粉用。这是现阶段解决该问题的最佳途径。

六、营造防护林

在文冠果林地营造防护林，不仅可以直接降低风速、减少地面蒸发，而且可以调节地表径流、控制水土流失、预防霜冻、大风落花及折枝落果等现象。设立防护林带，要本着“因害设防”的原则，林带走向应与常年风向垂直，并根据风速的大小及危害程度确定栽植株行数、密度。主林带一般应不少于6行，风大的地方行数相应增加，副林带可由2～4行组成。

第2节　整形修剪

一、整形

文冠果树主要以产果产油为目的栽培，要实现高产稳产，必须进行综合管理。文冠果修剪技术尚不能像苹果和桃树等果树那样形成标准化规程，不同品种的修剪要求也未形成统一规范。因为目前全国文冠果的栽培群体尚未实现品种化，大部分栽植地区栽植的植株是变异较大的实生群体，个体间差异较大。此外，文冠果萌生力强，新梢多呈3～4杈抽生，故枝叶容易茂密混乱，影响树体的生长和发育。所以，要依据树木本身生长特点、树势发展进行适当修剪，因势利导，因树造型，因枝修剪。通过合理利用空间布局，减少植株养分的消耗，平衡树势，培育出健壮树体，搭建丰产骨架，逐年扩大树冠，增加结果孕花数量，实现保花保果和减少“大小年交替”的目标，为文冠果的高产稳产打好基础。目前，文冠果修剪技术的应用已逐渐受到人们的重视。

（一）主干疏层形树形

如图 4-4，该树形的植株主干明显，主干高度控制在 2 m 左右，上部有 3 层，每层之间保持一定距离，共有 5 ~ 6 个主枝，在各方向上均匀分布形成树冠。

1. 定干

1 ~ 2 年生树从小就要培养利于结果的主干疏层形树形。在距地面 0.5 ~ 1 m 高的饱满侧芽处剪去顶部定干，除去顶端留一个芽作将来抽生的枝条主干，围绕中央主干，在剪口下按不同方位，在距离主干顶芽 30 cm 的距离内，错位选留分布均匀的 3 ~ 4 个饱满芽或中庸枝条，作为第 1 层主枝，将 20 cm 以下的枝芽摘除，主枝基部之间保持一定距离，不要离得太近，避免出现“卡脖”现象。适时对主干的萌芽进行抹除，以利于主枝的发育和生长。

图 4-4　主干疏层形树形

2. 主枝培养

文冠果多在中强壮枝条上的顶端结果，所以第 1 层主枝要选择附近向下的芽饱满处进行短截。文冠果是“三三制”发枝规律，当年会在剪口下发出 3 个主枝，选当中的作为延伸主枝，另两枝尽量采用拉枝、扭梢等方法和主枝拉开，成 60° 左右的夹角，迫使其平均占用空间，以便培养成结果枝。翌年春，让其他两结果枝开花结果，在主枝上选择饱满的芽和合适的位置短截，从长出的 3 个枝条中再选当中的作为主枝延长枝进行短截。1 年生枝短截能促使新梢旺盛生长。所以，在修剪骨干枝培养树形时，要选生长健壮、角度方向好的 1 年生枝进行短截，刺激其剪口下的侧芽萌生壮枝。如此处理几年，主枝向外不断延伸开张，可以扩大树冠，合理利用空间。随着树体生长，当主干枝条高超过 1 m 时，在距第 1 层 70 ~ 80 cm 处交错选留不对生的 2 ~ 3 个主枝，成为第 2 层。第 2 层主枝应避免对生，主枝之间要插空生长，防止互相重叠，重点培养结果枝条。为便于通风透光，结果枝条应分布在主枝两侧，由侧芽培养而成，呈鱼刺状排列，相互间保持一定距离，每年有计划的逐渐培养成有中心领导枝的疏层形。当然，还可继续培养第 3 层，4 ~ 5 年树体即可育成主干疏层形形状。

对于 3 年生以上的自然生长树木，要视树体情况改造成主干疏层形，具体可参考以上方法并加以改良。

（二）开心半圆形树形

如图 4-5，该树形没有明显主干，即有 3 ~ 5 个主枝，主枝错位上下轮生，每个主枝之间避免交叉、平行，主枝上培养鱼刺状结果枝，主干方向

图 4-5　开心半圆形树形

均匀，角度宜大，最终树体形成开心半圆形。

对于 1 ~ 2 年生树，在距地面 0.1 ~ 0.5 m 的饱满侧芽处剪去主干上部，围绕中央主干按东、西、南、北 4 个方向选留分布均匀、轮生于主干上的 3 ~ 4 个饱满芽或中央枝条作为主枝，其余适当剪掉，形成无中心领导枝的形状。对于起苗后的根茬苗，每个穴有很多成丛的根萌苗，选择 3 ~ 4 条强壮根萌苗作为培养结果主枝，其余的全部清除。对于 3 年以上的树木，如果有已呈开心形或可以培养成开心形的单株，可在此基础上继续培养成开心形。对于开心的几个主枝，利用拉和撑的技术使其和基部呈 60° 角，初期树冠呈倒三角平头状，使树体内通风透光，空间充分利用。不同于其他果树，呈开心形的文冠果不是短枝结果，所以要在其主枝上培养出多个中长枝条作为结果枝，逐渐培养成树冠疏散紧凑、通风透光良好、空间利用合理、里外都能结果的开心半圆形树形。

（三）自然形树形

对于已经栽植多年的文冠果树（图 4-6），培养上述两种树形有一定难度，应根据树体具体状况，因树进行整形。根据“植株通风透光、主干枝错落有致、避免大小光腿、结果枝外移”的原则，休眠期修剪时选好主干枝，上、下层拉开一定距离，每个主干枝选好结果枝和抚养枝，固定下基本树形，再考虑细致的修剪。

图 4-6　自然形苗木

二、修剪

（一）休眠期修剪

文冠果是顶枝结果为主，其修剪方法和桃树苹果等果树不一样，不是去强留弱，而是去弱留强（图 4-7）。文冠果枝条生长快，树冠很容易郁闭，修剪以疏枝为主，解决通风透光问题。冬剪一般在早春（芽萌动前 1 个月）进行，文冠果侧生花芽大部分是不可孕花，主要靠中长枝条顶芽结果，要在主枝上培养中长枝条。由于枝条上的潜伏芽较多，对于旺盛的枝条过多地进行短截，容易使剪口周围萌出徒长枝。所以必须因树制宜进行修剪，随树而异。同时，根据各主枝的侧枝伸展方向、距离大小，按生长优势强弱，使其树势均衡，解决枝条过密、内膛光照不足等问题。疏去过密的大枝，剪去小枝、枯枝、下垂枝、上年的果台、交叉枝和平行枝。注意剪口要光滑，粗枝剪口要涂漆或涂园林专用愈伤膏，防止病菌侵染，便于剪口愈合。

图 4-7　休眠期修剪

文冠果幼龄树根系不是很发达，如果结果过多，有限的养分大部分供应了果实的生长，生殖生长旺盛，势必减弱营养生长，影响当年枝条因营养不足而发育纤弱，树体生长减缓。树势变弱，不但培养树形变慢，而且会影响到来年结果，甚至出现“大小年交替”的现象。因此，幼树还是以培养树形为主，不可操之过急，追求让幼树多结果。树形培养好了，既可以在早期丰产，又可以在将来稳产和高产。

（二）生长期修剪

春天主要是对于较长的结果枝进行适当回缩短截，最适宜在开花前40天时短截。修剪原则上强的轻剪，弱的重剪。对于生长健壮的中长枝条，轻剪剪除顶芽，打破顶端优势，再把中、下部的芽全部疏除，让枝条内营养集中供应上部的侧芽，促使形成可孕花并开花结果。需要注意的是修剪时间不能太晚，否则剪除顶芽后侧芽不能及时形成可孕花，达不到通过修剪丰产的目的。

吴国英研究表明，开花前的1个多月去顶芽，并不能使所有1年生枝条都能促使侧芽花性的转化；从短截后侧芽挂果与对照枝顶芽挂果的比例来看，短截后侧芽挂果的枝数均低于顶芽挂果的枝数。他还证明了一般情况下不宜对1年生枝做去顶芽和短截处理，但徒长枝去顶芽和打盲节处理的侧芽一般都能结实。所以，只有为了控制结实量、促进营养生长时，方可采取短截措施。但也有不同的意见，如辽宁省干旱地区造林研究所（现并入辽宁省旱地农林研究所）对 1 年生的果枝进行短截，改变了顶芽结果的特性，从而促进侧芽结果。有的枝条经过短截后，剪口下第 1 至第 5 侧芽都能结果，果枝修剪效果显著，利于长结果枝的形成。不同的结果可能与供试文冠果树势强弱和立地条件有关，土地肥沃、树体强壮的 1 年生枝条可以短截，反之则谨慎处理。所以，不能把短截当成多结果的有效手段。另外，在开花坐果初期，对明显坐果的果序，应保留基部的 3 ~ 5 个果实，剪去上端，以免过多地消耗养分。

夏季树木生长旺盛，枝叶较多。为了更好地通风透光，使叶片制造较多的营养物质，奠定果实种子生长发育的物质基础，也使枝条和根系贮藏更多的物质，以利于花芽的形成和树体强壮，减少枝条生长对水分和养分的消耗，要剪除萌生枝条、过密新枝、过旺徒长枝。注意不可大量修剪，以免减少枝叶，破坏树形，影响营养的制造和积累。

如果文冠果栽植地土壤贫瘠，管理不到位，已经进入结果期的文冠果树就会因发育不良而变得衰弱，失去结果能力。我们可将弱树多年生主枝和侧枝回缩，保留基部 30 cm 左右，通过平衡树体的修剪后，促使萌发强壮新梢，回缩枝条能抽生出长 35 cm、粗 0.4 cm 左右的果枝，来年抽生的

枝条上有的雌花能正常开花结果，从而改变原有的不良状况。内蒙古和林格尔县浑河林场（2021 年 6 月因机构改革注销，业务由和林格尔县林业和草原局承接）技术人员对 7 年生文冠果进行了系列修剪。结果证明无论哪种短截处理，其萌芽率均高于对照组。其中，以 1 年生枝短截 1/2 的效果最好，其萌芽率高达 90.5%。徒长枝去顶芽处理后，其挂果株、枝率分别为 100% 和 72.2%。打盲节处理的，重短截的侧芽都没有结实。

有的文冠果树冠过于稠密，可根据情况适当疏枝。留 1 ~ 2 个顶枝，将过密、交叉、下垂、隐蔽的枝条疏去，畅通空气流动的空间，提供充足光照空间，能提高每花序可孕花的数量、结果枝的比例及坐果率等。文冠果的髓心比较大，为避免髓心暴露过多，剪口角度应在 45° 左右，即剪口呈马蹄形为宜，这样既省力又减少剪口的暴露面积。对于文冠果枝条粗度在 0.5 cm 以下的，应该全部疏除，具体根据情况而定。有的细弱枝条虽然不结果，但分布在树体的空当，有阳光照射，可以进行光合作用，滋养树体；向下或较为隐蔽的细弱枝条影响通风透光，消耗树体的养分，没必要保留，剪除为好。

（三）老树更新复壮

栽植时间长的衰弱老树，一般发枝少而短，新枝条细而弱，结果很少，可以选择更新或嫁接换头的复壮方法，重新培养新的结果枝组，让老树恢复生机。

1. 小更新复壮方法

首先仔细观察老树木，如果是 30 ~ 40 年生树木，生长发育还比较旺盛，能结出果实，树冠比较完整，枝叶较为浓密，可以采取轻度的小更新方法。修剪量要少，不可多去枝条，以便树体尽快恢复。用锯子或剪子锯除树冠上的衰老枝、残缺老枝和病虫老枝，选择比原枝头发育更好的更新枝，再锯除原枝头。也可将多年生的主枝或侧枝由外向内压缩，剪留长度为 25 ~ 30 cm，将树冠外围主、侧枝在 4 年生部位回缩，促进萌发强壮新梢，复壮树势，达到上、下、内、外结果的目的。蔡龙研究表明，选择放任生长而失去结果能力的 10 年生弱树和连续结果的 8 年生强树，同时采用回缩、疏枝的方法，修剪后，剪口下都能抽生出长 31.5 ~ 37.7 cm、粗 0.36 ~ 0.48 cm、花序饱满的强壮新梢，并增加结果量。

2. 大更新复壮方法

如果是树龄 40 年以上，树冠残缺、枝条间隙较大、枝条短细弱、枯枝焦梢多、部分主枝枯死和结果少的树，要进行大更新复壮。可将树干中上部、主枝的中下部一次性锯除，文冠果树萌芽率高，锯除后的老干枝上会萌发出较多新枝，再根据主干疏层形的原理，重新培养主干、分层主枝和结果枝，让其逐渐形成新的树冠。老树根系完整，又是大树，可以快速复壮，恢复结果能力，比小树或新移栽的树结果更早、更好，对文冠果产业的发展意义很大。

第5章　文冠果主要病虫害及防治方法

第1节　主要病害及防治

一、茎基腐病

（一）危害

茎基腐病是由镰刀菌与轮枝孢菌等真菌混合侵染引起的。一般栽植后2个月左右，地下2～3 cm处的根系开始腐烂，病变变色，随后病害环绕茎基部扩散一周，皮层腐烂。地上部位开始变黄蔫萎，后期整株枯死，且可能导致连续多株因根腐患病死亡。幼树期间易患此病，症状表现为叶片慢慢变黄、枯萎，停止生长至死去，但是枯叶长期不落。观察根颈部，有褶皱和黑褐色发霉斑点。拔出苗可见根颈部2 cm以下呈现水肿褐色发霉状态，并且伴有臭味，根系往往不会死亡，会重新萌芽。

（二）防治方法

1. 农业防治

（1）早晚观察幼苗叶子，及时发现病情。病苗叶子早晨或晚上会发蔫就已经预示着生病的前兆。

（2）栽植时注意不要碰伤表皮，另外栽植要稳当，避免风摇磨伤表皮导致侵染。苗木栽植前全株喷洒多菌灵防护。

（3）注意雨季排涝，避免根茎部温度过高。

2. 化学防治

可使用70%代森锰锌、多菌灵、70%根腐灵、百菌清、70%甲基托布津、50%福美双、30%甲霜·恶霉灵800倍液、咯菌腈、乙蒜素等溶液，进行灌根处理。

二、煤污病

（一）危害

煤污病是危害林果植物较为严重的一类病害。病害多发生在枝、叶和果实上，受害部位布满黑色的煤粉层，抑制植物的光合作用，削弱植物的生长势，受害林果约损失10%的经济产量。

（二）防治方法

1. 农业防治

不管是寄生性还是腐生性的煤污病，其危害程度均与环境光照、温度和湿度密切相关。因此，首先要注重农业防治。应该选择开阔平缓，背风向阳，散湿性较好的地方造林并控制造林密度；修剪过密枝条，保持通风透光，清除林地杂草，降低林地湿度；雨季及时排除积水，注意施肥，增强树势；冬季清除林地内的病叶，剪除病害枝条。

2. 化学防治

不同类型的煤污病采取的防治方法不同。文冠果易感染腐生性煤污病，要重点做好蚜虫、介壳虫和粉虱等害虫的防治工作，清除发病条件。杀虫剂要在害虫发生初期用药。防治蚧虫可用10%吡虫啉1 500倍液，波美1～2度石硫合剂等。防治粉虱选用10%吡虫啉1 500倍液，3%啶虫脒2 000倍液。施用农药应注意保护害虫天敌，在蚧虫密度不是很高的林分中不宜滥用。发病初期喷菌毒杀1 000倍液。

三、黄化病

（一）危害

黄化病是指茎叶的一部分或全部退绿，出现黄化或黄绿化的植物病

害。这种病一种是由于线虫、细菌类、病毒、支原体等病原体引起病理性黄化病，一种是由于养分匮乏而引起的生理性黄化病。黄化病影响树叶品质，降低商品价值。

（二）防治方法

1. 农业防治

（1）生理性黄化：有针对性的补充施肥，如缺铁型黄化就使用硫酸铁喷施叶面，缺多种元素黄化的可用叶六素叶面肥 1：1 500 兑水喷施叶面。

（2）病理性黄化：及时防治叶蝉等病源传播介体，改进繁殖方式，采用无毒母株繁殖，避免通过嫁接等方式传播。

（3）土壤改良：种植前对土壤进行分析，如发现种植土质量太差，应采取改良、施肥和客土等措施，使土壤 pH 值保持在 7.5 ~ 8.5。

2. 化学防治

使用四环素、黄龙宝药肥等进行叶面喷施或根部灌施。

四、炭疽病

（一）危害

炭疽病是文冠果生长过程中危害较严重的病害之一，在文冠果、核桃混交的产区均有不同程度的发生，严重影响到文冠果产业的健康发展。该病主要危害果实、叶片，其潜伏期长、发病时间短、爆发性强，一般病果率达 20% ~ 40%，严重时高达 80% 以上，落果率达 50% 以上。在采收前 10 ~ 20 天，受害果实迅速发黑变烂，不仅严重影响文冠果的产量和品质，还会造成严重的经济损失。

（二）防治方法

化学防治：可喷炭必灵、炭疽福美等药剂，最好结合其他病害综合防治，如定期喷施品润、科博等广谱性保护剂。如炭疽病发生严重，可喷施专用治疗杀菌剂进行控制。

五、细菌性病害

（一）危害

细菌性病害是由细菌病菌侵染所致的病害，如果实软腐病、茎秆溃疡病、青枯病等。侵害植物的细菌都是杆状菌，大多数具有一至数根鞭毛，可通过自然孔口（气孔、皮孔、水孔等）和伤口侵入，借流水、雨水或昆虫等传播，能在病残体、种子和土壤中过冬，在夏季高温、高湿条件下容易发病。细菌性病害症状表现为萎蔫、腐烂、穿孔等，发病后期遇潮湿天气，病害部位会溢出细菌粘液，有明显恶臭味，是细菌病害的特征。

（二）防治方法

播种时用生物或化学药剂浸种。用 72% 农用硫酸链霉素可湿性粉剂 500 倍液浸种 2 h，或 40% 福尔马林 150 倍液浸种 1.5 h。用 50% 琥胶肥酸铜可湿性粉剂按种子量的 0.4% 拌种。

第 2 节　主要虫害及防治

摸清文冠果培育基地内有害生物危害的发生规律和变化情况，查明有害生物种类、分布、危害及寄主植物等基本情况，获得标本和病虫害的影像资料，对文冠果的种植、培育及其产品的发展有重要意义。

危害文冠果的有害生物主要包括蚜虫、斑衣蜡蝉、茶翅蝽、笨蝗、象甲和白星滑花金龟等。其中较为严重的是蚜虫、斑衣蜡蝉、茶翅蝽以及桃蛀螟。

一、桃蛀螟

（一）分布及危害

桃蛀螟（*Conogethes punctiferalis*），属鳞翅目（*Lepidoptera*）草螟科（*Crambidae*），也称桃蛀野螟、豹纹斑螟、桃蠹螟、桃斑螟、桃实螟蛾、豹纹蛾、桃斑蛀螟，幼虫俗称蛀心虫。国内分布于辽宁、陕西、山西、河北、北京、天津、河南、山东、安徽、江苏、江西、浙江、福建、台湾、广东、海南、广西、湖南、湖北、四川、云南、西藏等地，垂直分布的最高记录为西藏的察隅锡妥，海拔 2 200 m。国外分布于日本、朝鲜、韩国、尼泊尔、锡金、越南、缅甸、泰国、马来西亚、菲律宾、印度尼西亚、巴基斯坦、印度、斯里兰卡、巴布亚新几内亚、澳大利亚、大洋洲。

桃蛀螟对文冠果危害严重，食性杂，主要以幼虫蛀入果内危害为主，主要危害串并果，对丰产性果树也可能造成严重危害，导致落果、虫果，严重影响食用和商品价值，影响果实出口外销。幼虫危害后果实被蛀食成孔道，布满虫粪且变黄干枯易脱落，失去经济价值。果实在存放过程中还会因幼虫转果危害的特性，遭受更大的损失，甚至完全失去经济价值。

（二）防治方法

1. 农业防治

将整个林地生态系统多因素综合协调管理，调控作物、害虫和环境因素，创造一个有利于作物生长而不利于桃蛀螟发生的生态环境。如采用处理越冬寄主、改革耕作制度、种植抗螟品种、种植诱集田等措施控制桃蛀螟的危害。首先是在第 2 年桃蛀螟老熟幼虫化蛹羽化前，处理玉米茎秆、穗轴、杂草等越冬寄主，压低翌年虫源。果园周围避免大面积种植玉米、向日葵等作物，避免加重和交叉危害，在果园周围种植小面积向日葵诱集成虫产卵，集中消灭，减轻作物和果树的被害率。另外，氮、磷和钾肥的用量也与虫口数有关，合理施肥可以控制虫口数量；整枝修剪、摘除虫果、疏果套袋等对桃蛀螟也有一定控制效果。

2. 化学防治

化学防治在桃蛀螟的综合防治中占有重要地位。它具有速效、简便和经济效益高的特点，特别是在大发生情况下，是必不可少的应急措施。由于桃蛀螟钻蛀性危害的特点，在果实被害初期，从外面不易判断是否已受害。因此，在化学防治前，应做好预测预报。可利用黑光灯和性诱剂预测发蛾高峰期，在成虫产卵高峰期、卵孵化盛期适时施药。可选用灭幼脲、杀铃脲、甲维盐、虫酰肼等高效低毒药剂。

3 生物防治

生产上利用一些商品化的生物制剂，如昆虫病原线虫、苏云金杆菌（Bacillus thuringiensis）和白僵菌（Beauveria bassiana）来防治桃蛀螟。用 100 亿孢子 /g 的白僵菌 50 ~ 200 倍防治桃蛀螟，对 14 年生马尾松喷药 60 天后，防治区有虫株率由防治前的平均 24.86% 降至 0.85%，主梢受害率由防治前的平均 14.62% 降至 0.47%，侧梢受害率由防治前的平均 10.23% 降至 0.38%，说明白僵菌对桃蛀螟有很好的控制作用。

4. 物理防治

根据桃蛀螟成虫趋光性强的特点，可从其成虫刚开始羽化（未产卵前）时，晚上在果园内或周围用黑光灯或糖醋液诱集成虫，集中杀灭，还可用频振式杀虫灯进行诱杀，达到防治的目的。

总之，在合理利用农业方法的基础上，适时进行化学防治和生物防治，可以有效控制桃蛀螟的危害。

二、蚜虫、木虱

二者天敌有很多都是相同的，一般的广谱性的杀虫剂都能防治，所以防治方式基本相同。

（一）危害

刺吸式害虫是园林植物害虫中规模较大的一个类群。它们个体小，发生初期往往受害状不明显，易被人们忽视，但数量极多，常群居于嫩枝、叶、芽、花蕾、果上，汲取植物汁液，掠夺其营养，造成枝叶及花卷曲，甚至整株枯萎或死亡。同时，它们还会诱发煤污病，有时害虫本身是病毒病的传播媒介（图 5-1）。

图 5-1　木虱危害

（二）防治方法

1. 农业防治

农业防治作为蚜虫防治的辅助措施，合理的耕作制度与作物布局、调整播种期和收获期、选育抗蚜虫品种、合理施肥与灌溉、合理密植，以及加强田间管理等措施均可增强作物抗蚜力，改善植物的生理状态和田间小气候，使之不利于蚜虫的发生和繁殖。选育抗蚜虫品种是防治蚜虫最经济、有效、安全的途径。整形修剪文冠果树主干周围和主枝近端和底面长势不好的果枝，保持文冠果树良好树形（图 5-2），可降低蚜虫对文冠果树的损害，提高文冠果的产量和品质。调整作物播种期，使作物易受害造成经济损失的敏感期错开蚜虫的发生期。可以采用科学的施肥方法、人工设置田间天敌越冬场所、合理安排作物的时空格局等农业措施有目的地改变蚜虫生活条件和环境条件，增强作物的抗蚜能力，提高农田生物多样性，利用天敌持续控制蚜虫。

图 5-2　文冠果树整形修剪防蚜

2. 物理防治

加强树木管理，剪除被害枝梢并集中烧毁。使用矿物油剂喷雾，在蚜虫虫体或卵壳上形成油膜，使蚜虫及卵窒息死亡，还能防止蚜虫在叶面分泌唾液取食，预防蚜虫传播的非持久性病毒。结合在作物周围种植边界植物，可更有效防治植物病毒发生。利用蚜虫的趋光性、趋黄性等习性，采用铺银灰色膜和田间及温室通风口处挂银灰色膜条驱避蚜虫，利用黑光灯与荧光灯在夜间进行蚜虫诱捕，用黄色粘蚜纸或者将黄油漆涂在塑料薄膜上诱杀蚜虫，在蚜虫发生初期使用效果最好。温度、湿度、光照、降雨和气流等直接影响蚜虫的生长发育、生存和繁殖，在生产实践中可考虑适当降低温度、延长高温持续的时间以达到抑制蚜虫种群增长的目的。

物理防治蚜虫具有环境污染小、无残留、不产生抗性等特点，利用物理防治能较快压低蚜虫数量，提高“益害比”，充分发挥天敌的自然控蚜能力。

3. 天敌防治

蚜虫和木虱的天敌种类很多，主要有捕食性和寄生性两类。捕食性的天敌包括瓢虫、食蚜蝇、草蛉、小花蝽、蚜灰蝶等；寄生性天敌主要是寄生蜂，如菜蚜茧蜂、茶足柄瘤蚜茧蜂、白足蚜小蜂等。我国草蛉、瓢虫、蚜茧蜂等天敌昆虫的规模化生产技术已基本成熟，茶园已经利用七星瓢虫和中华草蛉的成、幼虫来捕食茶蚜的成、若虫，烟草田间也有人工释放蚜茧蜂寄生成、若烟蚜。在西宁地区通过在蚜虫始发期挂放瓢虫卵卡，防效可达 90% 以上。采用多元化的天敌在蚜虫的整个生活史周期捕食能够有效地防治蚜虫，不过在增加天敌多样性的同时应慎重考虑天敌间的兼容性，选择蚜虫天敌优势种对蚜虫种群进行持续控制。培育蚜虫天敌抗药性品系，可以促进天敌在蚜虫防治中的运用，杨洪等人采用点滴法对异色瓢虫进行抗药性选育，异色瓢虫经过多代杀虫剂选育后抗性倍数提高了 6～8 倍。总之，利用天敌防治蚜虫可以达到长期控制的目的，而且不易产生抗性问题，但是见效较慢，结合其他方法进行综合防治可收到良好的效果。

4. 植物源农药防治

植物源农药是指有效成分来源于植物体的农药，活性成分一般都是植物产生的次生代谢物质。目前报道对其有控制作用的活性物质主要有生物碱、萜类、酚类、蛋白质类、有机酸类、番荔枝内酯、黄酮类、甾类、光活化毒素类等。植物源农药对蚜虫的作用方式主要有触杀、毒杀、胃毒、拒食和吸引天敌等。以天然除虫菊乳液 250 mg/L 喷雾辣椒 1 天后，2 龄桃蚜死亡率达到 100%，且持效期长，但蚜虫死亡率具有除虫菊剂量依赖性。将植物源杀虫剂鱼藤酮和绿僵菌素以 9：1 的比例混合可发挥最佳协同作用防治棉蚜，在温室条件下 24 h 时达到 98.9% 的致死率，绿僵菌素和丹皮酚以 9∶1、7∶3 和 6∶4 的比例混合施用则会发生拮抗作用。生物农药以合适比例搭配混用才能发挥最佳的杀蚜效果，克服生物农药防效滞后的弱点。0.5% 藜芦碱可湿性粉剂防治甘蓝蚜虫的最佳使用剂量为有效成分 100 ~ 125 g/ 亩，兑水 750 L/ 公顷均匀喷雾，即可有效控制甘蓝蚜虫危害。0.5% 甲维盐 · 吡虫啉的复配剂可在大青叶蚜虫的防治中推广使用。

由于植物源农药具有高效、作用机理多样、不容易诱发病虫害的抗药性、与环境相容性好等特点，在综合防治中有较好的效果，应协调发展生物源农药和低毒高效化学农药。采取复配和混配的途径，如 Bt 杀虫剂 + 阿维菌素，Bt 杀虫剂 + 灭多威等。

三、斑衣蜡蝉

（一）危害

斑衣蜡蝉（*Lycorma delicatula*），属同翅目（*Homoptera*）蜡蝉科（*Fulgoridae*），别名红娘子、椿皮蜡蝉、斑衣、樗鸡等，广泛分布于我国陕西、辽宁、山东、山西、河南、河北、北京、江苏、四川、浙江、广东及台湾等地。取食时，其口器插入树木组织深部吸取汁液，所刺的伤口处常流出汁液，易诱发霉污病，削弱树势。近年来，斑衣蜡蝉在经济果园内造成的危害越来越重。

（二）防治方法

1. 人工防治

一般结合冬季修剪、除草、清园等工作进行，树木落叶后，在幼虫孵化前进行树干上的卵块刮除工作，刷白树干是最经济、最有效的无公害防治措施。此外，建园地区尽量减少臭椿和苦楝等植物种植，以减少斑衣蜡蝉食物来源。

2. 化学防治

在若虫、成虫发生期，可选用内吸性药剂喷洒。药剂可选用 25% 噻虫嗪水分散粒剂 5 000 倍液，3% 啶虫脒乳油 1 000 倍液或 1% 吡虫啉可湿性粉剂 2 000 倍液喷雾。发生的虫害可以采取无公害药剂防治措施，清园时，喷洒内吸性的杀虫剂喷雾，在若虫、成虫发生期使用吡虫啉、功夫 1 500 倍液喷雾防治，在 8 ~ 10 月成虫交尾、产卵时，可选用苦参碱等生物制剂进行喷雾防治。

3. 生物防治

平腹小蜂防治效果十分显著。平腹小蜂属（*Anastatus* sp.）种类的卵、幼虫和蛹均在寄主卵内度过，成虫羽化后咬破卵壳飞出。卵期是大多数昆虫生命周期中最容易受到攻击的时期，平腹小蜂在害虫的卵期寄生，可将害虫扼杀在“萌芽”中，使得害虫在当年的发生量明显减少，生物防治效果要比在害虫的幼虫、蛹和成虫期要好。寄主卵发育到任何时期，平腹小蜂都能寄生，并能正常羽化出子蜂。但在寄主卵胚胎后期寄生的，羽化子蜂雄性比例较高。平腹小蜂在寄主卵胚胎发育任何时期都能寄生这一特性，对防治害虫十分有利。平腹小蜂个体在寄生蜂群体中属于比较大的，生命力很强，对环境适应性高，寄主广泛，在野外能够续代繁殖，自然繁衍。大田放蜂通常采用释放平腹小蜂卵卡的方式，操作方便，省工省力，防治费用仅为化学农药防治的 1/4 ~ 1/3。在丘陵、高原等缺水地区放蜂防虫更具优越性。平腹小蜂还具有中间寄主卵易获得的有利条件，繁蜂方法和条件比较简单，能在室内大量繁殖，可以进行大面积的释放。在果园和林地释放平腹小蜂，可以保护其他天敌，保护环境，减少化学农药对人类和环境的伤害。

利用斑衣蜡蝉 1、2 龄若虫的寄生性与捕食性天敌布氏螯蜂（*Latreile browni* Ashmead）抑制其危害，效果显著。布氏螯蜂的成虫主要产卵于斑衣蜡蝉 2 ~ 3 龄若虫后翅芽盖下的胸部组织上，对斑衣蜡蝉的寄生率达 12.5% ~ 43.5%，控制作用明显。

四、茶翅蝽

（一）危害

茶翅蝽（*Halyomorpha halys*）是果园常见的害虫，成虫和若虫均有危害，以其刺吸式口器刺入果实、植物枝条和嫩叶吸取汁液。口针随着生长发育而变长，在5龄若虫时有7 mm，在成虫期则达到8 mm。成虫经常成对在同一果实上存在，而若虫则喜聚集。被害果实轻则出现部分凹陷斑，重则造成果实畸形，不但直接影响水果品质和质量，还可能造成落果。除了刺吸对植物造成直接危害外，被刺吸的部位很容易被病菌侵染，更重要的是在刺吸的同时可能被传播病毒。泡桐（*Paulownia fortunei*）的一种病害泡桐丛枝病就是靠茶翅蝽进行传播，该病是泡桐树毁灭性的病害。室内人工饲养带毒的3龄和4龄若虫接种泡桐丛枝，发病率分别达到61.7%和46.5%，高于自然带毒若虫16%的传病率。

（二）防治方法

1. 生物防治

（1）捕食性天敌：半翅目昆虫体壁坚硬，因此若虫或成虫的捕食性天敌并不多见。据报道，小花蝽（*Orius*）可以刺吸茶翅蝽的卵，三突花蛛

（*Misumena tricuspidatus*）能够捕食茶翅蝽的若虫和成虫，草蛉的幼虫亦可取食茶翅蝽卵。

（2）寄生性天敌：茶翅蝽的寄生性天敌主要是卵寄生蜂。卵寄生蜂这一重要的天敌在害虫生物防治中广为应用，由于其受寄主卵壳的保护，可以减少杀虫剂对其毒害，并且孵化后可以立即吸吮卵黄，避免有毒物质的积累，因此成为重要的生防作用物。

茶翅蝽沟卵蜂是茶翅蝽的重要天敌，平均寄生率达到 50%。调查显示，在北京地区，茶翅蝽主要在 5 月上旬至 9 月上旬发生，而茶翅蝽沟卵蜂对其寄生率在 6 月中旬至 8 月下旬较高。该蜂的发生盛期要比茶翅蝽卵块出现高峰期晚约 20 天。基于茶翅蝽沟卵蜂的田间种群数量优势和高寄生率，开发利用该蜂用于茶翅蝽的生物防治具有良好的前景。目前对于该蜂的生物学和生态学习性已有一些研究报道。

平腹小蜂是茶翅蝽的另一种重要天敌。利用柞蚕卵室内饲养并在果园中释放该蜂，结果显示平腹小蜂对第 1 代和第 2 代茶翅蝽卵的寄生率分别为 64.7% 和 52.6%，可以有效控制茶翅蝽，尤其是第 1 代。Yu 和 Zhang 在苹果园中的调查发现，1 种平腹小蜂能够寄生茶翅蝽的卵块，也可以利用柞蚕的卵进行繁殖。仇兰芬在北京的调查中也发现了 1 种平腹小蜂能够寄生茶翅蝽的卵。

2. 其他防治方法

目前，化学防治是用于茶翅蝽防治的主要方法。在茶翅蝽的新入侵地，拟除虫菊酯和新烟碱类广谱性杀虫剂被广泛采用。化学防治可以采用拟除虫菊酯和新烟碱类等高效低残留的广谱性杀虫剂，在卵孵化期、成虫大发生和低龄若虫期喷 2.5% 溴氰菊酯乳油 3 000 倍液、5% 高效氯氰菊醋乳油 1 500 倍液、25% 噻虫嗪水分散粒剂 10 000 倍液或 1.8% 阿维菌素乳油 4 000 倍液，连喷 2 次，可取得较好的防治效果。

也可以利用茶翅蝽的假死性进行人工防治。气温 < 23℃时，茶翅蝽会出现假死行为，且随温度渐降而加深，此时有突然的声、光能使其假死坠落。人工防治可选择气温 < 21℃的适宜时段，以棒击震树使虫坠落，

地面喷药触杀，可取得高效、安全的防治效果。

还可以利用该虫聚集越冬的习性进行人工捕杀。虽然茶翅蝽成虫能够过冬，且其过冬场所相对分散，人工捕杀会消耗较大的人力和时间，但是茶翅蝽在 9 月初期就会选择自身过冬场所，通常情况下会选择向阳背风、隐蔽性较强的场所。因此，进行人工捕杀时，可以将捕杀时间选在 9 月前后，捕杀地点主要为果园中具有向阳背风且隐蔽性较强的地点。除此以外，相关捕杀人员还可以设置几个适宜茶翅蝽过冬的场所，保证茶翅蝽能够选择该场所，从而实现对茶翅蝽成虫的集中消灭。

需要注意的是，平腹小蜂能防治斑衣蜡蝉茶翅蝽等多种害虫，但若引进需仔细调查。

五、白星滑花金龟

（一）危害

白星滑花金龟子（*Postosia brevitarsis* Lewis）（图 5-3）喜食刚播种的种子根系、块茎以及幼苗，对文冠果的危害主要是春秋两季最重。白星滑花金龟子是世界性的地下害虫，当植株枯黄而死时，会转移到别的植株继续破坏。

图 5-3 白星滑花金龟子

该虫一年一代，以幼虫越冬，翌年春季化蛹，5 月上旬可见成虫，6、7 月间数量最多，9 月逐渐绝迹。成虫 6 月产卵，卵约 12 天孵化。幼虫（蛴螬）咬食幼苗嫩茎，造成缺苗断垄或使植株发育不良，严重时造成毁灭性灾害。成虫高温时活动最盛，取食各种树木的芽、嫩叶、花器，喜食多种果树成熟的果实和树体伤流的汁液。常数头或者十多头集群危害，有趋光性和假死性，对苹果醋味趋性很强，其成虫喜欢啃食 5、6 月份文冠果的幼嫩顶芽。

（二）防治方法

1. 农业防治

实行水旱轮作，不施未腐熟的有机肥料。精耕细作，及时清除田间杂草。秋冬翻地可把越冬幼虫翻到地，使其风干、冻死或被天敌捕食，也可通过机械杀伤，防效明显。

2. 物理防治

可设置黑光灯诱杀成虫，减少蛴螬数量。糖醋液诱杀，将红糖、醋、白酒、水，按照 4∶1∶1∶2 的比例配成糖醋液。趋腐性诱杀，在大口容器里放置腐烂果品，置于田间诱杀金龟子成虫。

3. 生物防治

利用茶色食虫虻、黑土蜂、白僵菌等。

六、黄刺蛾

（一）危害

一年两代，以老熟幼虫做硬茧在树上越冬，翌年 5 月中下旬化蛹，6 月上中旬成虫羽化。1 代幼虫危害期为 6 月下旬至 7 月下旬，2 代幼虫危害期为 8 月下旬至 9 月下旬，10 月老熟幼虫做茧越冬。该虫成虫羽化后，产卵在叶片上，幼虫孵化后先吃掉卵壳，群居在叶片背面，啃食叶肉呈透明斑块，3 龄后分散危害，蚕食叶片，严重时可将叶片吃光。该虫幼虫背面有明显紫褐色哑铃形大斑（图 5–4）。

图 5-4　刺蛾成虫

（二）防治方法

1. 农业防治

剪除越冬虫茧，消灭越冬虫源。

2. 化学防治

幼虫发生期喷 90% 晶体敌百虫 1 500 倍液、1 000 倍液 1.2% 烟参碱或者其他触杀剂。三龄前为点片发生阶段，进行挑治。四龄后夜出活动，施药应在傍晚前后进行。药剂可选用高氯·甲维盐或 2.5% 高效氯氟氰菊酯进行喷雾防治。

3. 物理防治

人工摘除卵块，利用该虫的趋光性和趋化性，使用黑光灯和糖醋液（糖：醋：水按 3：1：6 比例配制）加少量农药诱杀成虫。

4. 生物防治

如瓢虫、蜘蛛、寄生蜂及捕食性昆虫。黄刺蛾的天敌有上海青蜂和黑小蜂，这两种天敌对黄刺蛾有很好的控制效果。

七、枣刺蛾

（一）危害

一年一代，以老熟幼虫在寄主干基部土壤中结茧越冬。翌年 6 月上旬化蛹，蛹期 10 天左右。6 月下旬成虫羽化，7 月羽化盛期。傍晚羽化较多，刚羽化的成虫很活跃，之后不喜飞，常在叶片上休息。成虫产卵于叶片，卵期约 8 天，7 到 9 月为幼虫危害期，8 月份危害最重，常将叶片吃光。

（二）防治方法

1. 农业防治

结合管理工作，人工挖取越冬虫茧，人工剪除有初孵化幼虫的叶片。对于成虫可使用黑灯诱杀。

2. 化学防治

幼虫危害严重期，喷施 Bt 高含量粉剂 2 500 倍液或者 1.2% 烟参碱乳油 1 000 倍液防治。

八、螨类

（一）危害

螨类蛛形纲害虫，常见的害螨多属于真螨目和蜱螨目，是危害多种农作物的重要害虫之一（图 5-5）。

图 5-5　螨类危害

螨类分 4 个科，体型较大为叶螨科及真足螨科，体长约在 1 mm 以下。叶螨均为植食性，体色多为红色，主要种类有棉叶螨等。体型较小的螨类，称跗线螨及植绥螨，体长仅有 0.1 ~ 0.2 mm，在解剖镜下才能看到，跗线螨为植食性。螨类生长发育的温度为 15 ~ 30℃，属于高温活动型，干旱炎热易导致其大量发生。在温室条件下，全年都可发生。温度的高低决定了螨类各虫态的发育周期、繁殖速度和产卵量。

螨类主要危害文冠果叶片，使叶表面失去光泽，丧失经济价值。

（二）防治方法

1. 农业防治

清除田间、路边、渠旁杂草及枯枝落叶，旋耕土地，消灭越冬虫源。合理灌溉和增施磷肥，促进植株健壮生长，提高抗螨害能力。

2. 药剂防治

当点片发生时即进行挑治，如已蔓延到整个棚室，则全田喷药。药剂可选用 45% 硫磺悬浮剂 300 倍液、5% 噻螨酮乳油 2 000 倍液、2.5% 联苯菊酯乳油 2 000 倍液、1.8% 阿维菌素微乳剂 5 000 倍液或 5% 氟虫脲乳油 2 000 倍液等防治，螨类的药剂有哒螨灵、炔螨特、四螨嗪等。

3. 生物防治

利用天敌，如长毛钝绥螨、德氏钝绥螨、深点食螨瓢虫、植绥螨等，可保护或引进释放。当田间的益害比为 1∶10 ~ 15 时，6 ~ 7 天后，害螨将下降 90% 以上。

九、星天牛

（一）危害

星天牛是日本、中国及韩国特有的一种天牛。体色为亮黑色，前胸背板左右各有一枚白点，翅鞘上散生许多白点，像漫天繁星，因此得名（图 5-6）。星天牛幼虫孵化后，会在树内“开凿”通道结蛹。由产卵至结蛹及成虫，时长可达 12 ~ 18 个月。

（二）防治方法

1. 人工防治

针对星天牛幼虫蛀干的习性，用带钩的铁丝，将铁丝伸入虫道钩出星天牛幼虫集中进行杀灭。针对星天牛成虫在高温天气喜欢午休的习性，人工捕杀成虫，结合修剪疏枝，在星天牛成虫产卵盛期刮除虫卵，可大大减少虫口密度。

图 5-6　星天牛及树干穿孔症状

2. 物理防治

针对星天牛成虫性喜树干基部产卵的习性，在成虫发生前，将树干基部 80 cm 以下涂白，可有效预防成虫产卵。

3. 化学防治

在虫口注入辛硫磷 200 ~ 300 倍液，或甲维盐、吡虫啉、高效氯氰菊酯，毒死在洞内的星天牛幼虫。

4. 生物防治

设置星天牛喜食的植物（如苦楝、糖槭）作为“诱饵树”，吸引星天牛聚集，再进行集中杀灭。引进星天牛的天敌川硬皮肿腿蜂、蛀姬蜂等，以虫治虫。

十、木蠹蛾

（一）危害

木蠹蛾是鳞翅目木蠹蛾科昆虫的总称，在中国分布广泛，可危害多种植物。幼虫期木蠹蛾的体色多为红色，成虫为中大型蛾类。它们单眼常缺失，喙常退化，下唇须发达或退化。前翅常有副室，中脉在中室内发达并常分叉形成一小中室，第二肘脉存在。后翅亚前缘脉游离，或与径脉间有一段横脉相连。

木蠹蛾具有生活场所隐蔽、生活周期长、群集危害等特点，主要以幼虫危害叶树干部或根部（图 5-7）。

图 5-7　木蠹蛾危害

木蠹蛾的生活习性因种类和地理位置不同而异。文冠果木蠹蛾在山东为 2 年 1 代，通常以幼虫越冬，并在枝干内或土壤中化蛹。成虫在傍晚或夜间羽化居多，雌虫多产卵于树皮裂缝或裸露的根部等处。

（二）防治方法

只有综合运用多种防治方法，才能达到理想的控制效果。例如，成虫期利用木蠹蛾性信息素诱芯诱杀雄成虫；平茬更新，将寄主主干连同地下根系一起挖出进行烧毁；营造多树种混交林，选育抗虫品种；在成虫发生期采用黑光灯诱杀；保护和利用蒲螨、姬蜂、小蜂等天敌资源；化学防治可采用喷雾、浇根、排粪孔注药、熏蒸等方法。

针对虫害发生情况，建议采取“预防为主，综合防治”方式，在发生初期就采取措施（物理、化学、生物等措施）进行有效防治，从而减少后期用药次数和用药量，延缓抗药性。在采取药剂防治时，建议配合植物源或生物源杀虫剂，如除虫菊素、苦皮藤素、苦参碱等，将其与化学药剂进行混用、轮用，以达到减缓抗药性目的。化学药剂使用时，建议复配使用或交替使用，才能达到良好的防治效果。

第3节　文冠果缺素症状及防治

文冠果的缺素症症状多样，包括缺氮、缺磷、缺钙、缺镁等，这些症状都会影响文冠果的正常生长和发育。

缺氮：文冠果缺氮时生长受阻，叶片小且色淡，叶片稀疏易落，影响光合作用，因而生长不良，植株较小，分枝少，结果小而少。

缺磷：缺磷生长受到抑制，植株矮小，叶片变成深绿色、灰暗色，无光泽，具有紫色斑，最后枯死脱落。

缺钾：缺钾叶片出现棕色斑点，发生不正常的皱纹，叶缘卷曲，最后焦枯，症状呈似火烧过状态。

缺钙：缺钙根系生长受到抑制，根系多而短，细胞壁黏化，根尖细胞遭受破坏，以致腐烂。

缺镁：缺镁引起缺绿病、黄化病和白花病。缺镁的植株常从植株下部叶片开始褪绿，出现黄化，逐渐向上部叶片蔓延，最初叶脉保持绿色，后叶脉变黄，不久下部叶片变褐直至枯死。

缺铁：缺铁时枝条上部嫩叶受害，下部老叶仍保持绿色，缺铁轻微时植株叶肉组织呈淡绿色，叶脉保持绿色，严重时嫩叶全部呈黄白色，并出现枯斑而逐渐焦枯脱落。

缺锰：缺锰时叶片先变苍白而带一些灰色，后在叶尖处出现褐色斑点，逐渐散布到叶片的其他部位，最后叶片迅速凋萎，植株生长变弱，花不能形成。

缺锌：缺锌植株体内生长素受到破坏，植株生长受到抑制并产生病害。良好的锌营养，能增强植物对真菌病害的抵抗力。

缺硫：缺硫引起缺绿症，植株叶脉发黄，但叶肉组织仍然保持绿色，这可与缺镁和缺铁时的症状相区别。缺硫先从叶片基部开始出现红色枯斑，通常植株顶端叶片受害早、叶坚厚、枝条细弱并木质化。

通过适当的施肥和管理措施可以有效预防和治疗这些缺素症，从而保证文冠果的健康生长和高产优质。

对于缺氮的情况，可以通过施用氮肥来补充，苗期缺氮可以施用尿素溶液叶面喷施。缺磷可以通过增施磷肥或在前期使用氮、磷、钾复合肥作为追肥。缺钙可以通过增施石膏和含钙肥料，或者使用含钙溶液进行叶面喷施。缺镁的问题可以通过增施镁肥来解决。

第6章 文冠果果实采收、分级、包装和贮藏

党的十八大以来，党中央、国务院对发展木本油料产业高度重视。2017年、2019年、2021年出台的“中央一号文件”，都提出要大力发展木本油料产业。

中国食用油消费依赖国外进口比率达到70%，在18亿亩耕地红线约束下，向山上要油，建“树上油库”成为必然的选择。进入21世纪，山东的木本油料迎来了快速发展期。为促进农民增收，兼顾生态与经济效益，因地制宜、适地适树发展高效经济林，文冠果等木本粮油树种成为重要的选择。

2014年12月26日，国务院办公厅《关于加快木本油料产业发展的意见》国办发〔2014〕68号发布以来，文冠果等木本油料树种迎来迅速发展，“南油茶、北文冠”成为木本油料发展的共识。

2016年12月26日，国家粮食和物资储备局《粮油加工业“十三五”发展规划》大力发展油茶籽油、核桃油、橄榄油、牡丹籽油、文冠果油、梾木果油等新型健康木本食用油。

文冠果种子作为文冠果油的原料，其采收、分级、包装和贮藏事关后端加工产业中文冠果油的品质，必须科学管理。

第1节 采 收

文冠果果实的成熟时间受纬度、海拔等因素的影响，不同地区果实的成熟时间存在一定的差别。受不同年份气温、降水量等因素影响，文冠果

果实成熟时间可相差1～2周。不同纬度下果实采收时间不同，纬度越高采收时间越晚，一般来说，山东的果实成熟时间为7月上中旬，北京地区的果实成熟时间为7月中下旬，内蒙古地区果实成熟时间为8月中下旬。

图 6-1　即将成熟的文冠果果实

可以根据果实形态特征判断文冠果果实是否宜采收。果实由绿色变为黄绿色（图6-1），果实表面由光滑变为粗糙，果实尖部开裂，种子变为褐色或黑褐色，此时果实已经成熟，果实较为饱满。全树1/2果实都达到此要求时即可采收。果实成熟后，若不及时采收，果皮开裂变大，会导致种子散落，地面收集种子耗时耗力，雨季容易腐烂变质；若果实未完全成熟时便采收会导致种子内容物未完成成熟，种子产量和质量均会下降，影响出油率和种子发芽率。所以，果实应该随熟随采，严防抢青、掠青。

图 6-2　文冠果种子称重

采摘后的果实应放在阴凉通风处，避免阳光暴晒，选择用人工或者脱粒机除掉果皮。选择泥土地面晾干种子，种子含水量低于15%时，装入麻袋或者储存容器，贮藏时要严防潮湿。文冠果干种子千粒重为600～1 250 g，最大的可达2 850 g。晾晒干燥对于保持种子品质和延长种子贮藏时间至关重要（图6-2）。

第2节 分 级

文冠果种子作为原料，品质的优劣状况直接影响油和蛋白的品质，作为播种材料直接影响苗木的产量和质量。因此，在种子贮藏、运输、加工或播种前需要对文冠果种子进行清选分级。选用优良种子，淘汰劣质种子，是确保种子具有优良品质的重要环节。目前采取的种子分级主要是把全批种子按大小进行分类。通常大粒种子营养物质积累多，活力高，发芽率高，幼苗生长好，因此分级也是体现种子优质优价的必要环节。分级工作通常与净种工作同时进行，亦可采用风选、筛选及粒选法进行。

按照《林木种子质量分级》(GB 7908—1999)，以种子净度(%)、生活力(%)及含水量指标将文冠果种子划分为Ⅰ、Ⅱ、Ⅲ共3个等级，分级标准分别为：

Ⅰ级，种子净度不低于98%，生活力不低于85%；

Ⅱ级，种子净度不低于95%，生活力不低于75%；

Ⅲ级，种子净度不低于95%，生活力不低于60%；

文冠果种子含水量13%—15%。

如果按照种子横纵径进行分级，也可将种子分为3级：直径在12 mm以上的为Ⅰ级种子，10 ~ 12 mm的为Ⅱ级种子，小于10 mm的为Ⅲ级种子。分级时可以用不同毫米级的筛网过筛，选出种子。种子分级后用麻袋分级装袋、贴标签后放置通风干燥处保存，防止受潮。

第3节 包 装

种子包材要符合结实、生态、环保、经济等要求，同时便于贮藏和运输。文冠果种子含油量高，若保存在高氧环境中，种子油脂容易氧化变质，导致种子寿命缩短、品质降低。如果种子需要较长时间保存，除了采取专业的种子库保存外，还可用充氮或者充二氧化碳的聚乙烯密封包装，也可采取抽真空袋的方式保存，人工创造防潮、隔氧环境，使种子较长时间保持活力，保障质量稳定。包装完成后要附上标签，注明品种、重量、产地、日期、采集人、含水量等信息（图 6–3）。

图 6-3　文冠果标准包装袋

第 4 节　贮藏和运输

种子贮藏是通过运用合理的贮藏设备和先进的技术，人为控制贮藏条件，使种子劣变程度减小到最低，在一定时期内最大程度保持种子的发芽力和活力，确保育苗时对种子的需要。

一、种子贮藏

文冠果成熟干燥的种子，可以放入高度不高于 5 m 的标准化（具备防鼠、防虫、防火、干燥、通风条件）粮库中保存 3 年。

文冠果干种子短期存放，需要选择含水量低于 15% 的通风、阴凉干燥的种子库存放。可选择低温种子库存放，种子库温度为 0 ~ 5℃，相对湿度 50% ~ 70%，种子含水量保持在 13% 以下，符合存放要求。

此外还有低温密封干藏法。将密封的种子容器放在种子库内，种子库温度保持在 0℃左右，相对湿度 50% 以下，可以保存 5 年。

湿藏法。包装好的文冠果种子需要放入干燥通风、隔热防雨防潮的种子库中。若干藏年限为 2 年，贮藏温度应不高于 27℃，贮藏期间种子的含水量应保持在 13% 左右。若干藏年限为 3 年，贮藏温度应不高于 5℃，种子含水量保持在 13% 左右。定期检查种温变化，避免种实内油脂酸败和裂变。

二、种子运输

种子运输可以视为是一种短期贮藏。如果包装和运输不当，运输过程中很容易导致种子品质降低，甚至使种子丧失活力。

含水量低的种子或采用普通干藏法的种子，可直接用麻袋或布袋装运，减少对种子的挤压，同时也便于搬运。播种用的含水量高的催芽种子，需要保湿运输。

种子运输过程应避免混入有毒物品，最好选择厢式货车保持种子干燥，运输过程要保障安全，避免风吹、雨淋、高温等导致种子活力下降或者受到污染。运输过程中不同品种的种子应隔开存放，切实做好标记，科学有序堆放，运输过程要安排专人负责，防止遗失或者造成混装。

第7章　文冠果加工与利用

文冠果是中华原种木本油料树种，起源于6 500万年前的侏罗纪到白垩纪时期，有“东方神树”“北方菩提”“北方油茶”等美誉。中国的文冠果古树历经数百年，上千年的自然风雨变幻的洗礼，在自然选择中生存下来，至今生长旺盛，花果累累。这些古树在长期演化中形成了鲜明独特的生物学特性，以及对当地生态环境极其稳定的适应性，这既是大自然对文冠果种内生物多样性的培育，更是大自然为我们选育的宝贵遗传资源。这些遗传上延续下来的次生代谢产物不仅使得了文冠果多样性古树扎根苍凉，生机勃勃，更对人类健康有着巨大的潜在价值，资源弥足珍贵。我们祖先利用文冠果的历史已有1 200多年，明代文冠果使用方法已有记载，清代文冠果油和文冠果茶见诸书籍。文冠果油作为重要的绿色木本食用植物油脂，文冠果种仁脂肪含量高达53.40%～67.90%，脂肪酸构成中富含长链不饱和脂肪酸，其含有的神经酸是周围神经系统鞘磷脂的必需分子可预防神经系统疾病。发展文冠果产业，其中主要目的之一是生产种子用以榨取油脂。油脂可食用、工业用，还可以进一步深加工，提取药物。

要实现文冠果产业良性发展，必须采取“良种＋良法”相结合的栽培模式。实现良种化、集约化管理的条件下，所产种子或油脂的经济效益相比现在将会得到极大的提升。加工业要将文冠果吃干榨尽，充分发挥文冠果全株植物的有效利用。科学合理的产业规划和产品的市场化推广，将会促进产业的持续健康发展。因此，如何将文冠果的科学研究进行产业

化，实现中国食用植物油脂的木本化，将文冠果的研究成果投入市场，已成为当前亟待解决的问题。

第1节　文冠果主要营养成分及经济效益

文冠果是我国众多树木中最耀眼的明珠之一，既独特又宝贵，它是优良生态修复树种，耐旱、耐寒、耐瘠薄，分布于我国25个省（区、市）。同时，它也是美丽的景观树种，花色绚丽，花期长。此外，它还是优质木本油料树种，种仁含油率及油中不饱和脂肪酸含量都很高，其中尤为珍贵的是含有较高的神经酸。文冠果还是生物化学成分十分丰富的树种，其果壳、种仁、果柄、茎、花、叶及根等部位共鉴定出420多种化合物，在医药、食品、化工、农业领域具有广泛应用价值。它是保健医用价值金贵的树种，油中所含的神经酸，是细胞膜的组成成分，是修复神经纤维、促进神经细胞再生的双效物质，果壳中提取的三萜类皂苷是治疗阿尔茨海默病的医用原料，在大健康产业中极具开发利用潜力。总之，文冠果集多种效益与功能于一身，全身是宝。

一、文冠果的主要成分

文冠果寿命长，与自然界的斗争过程，产生很多次生代谢产物抵御自然灾害。全株含有的多种化学成分，除了维持树木自身的生长发育之外，还可提供药食同源食物材料，有着防治人类重大疾病的高级药品原料价值。

（一）文冠果果壳的主要成分

文冠果果壳中蛋白含量为 15% ~ 30%，糖分含量为 20% ~ 30%，不饱和脂肪酸含量为 44%。不饱和脂肪酸中，亚油酸含量为 20.1%，油酸含量为 17.7%。

文冠果果壳中主要含有黄酮、皂苷、香豆素、甾醇、脂肪酸等物质。其中，黄酮具有抗氧化、抗炎、抗病毒和保护心血管系统等作用，皂苷具有抗氧化、抗肿瘤、减肥、美容、改善记忆能力等作用。据研究，文冠果的果壳中富含皂苷，含量约为 4.23%，具有改善记忆、抗癌、治疗心脑血管疾病、抗炎和抑制多种生物活性等功能。

（二）文冠果叶的主要成分

文冠果叶皂苷含量为 5.53%，蛋白质含量 19.8%，并含有 16 种氨基酸，其中赖氨酸含量为 35 mg/kg。文冠果叶含有人体必需的微量元素锶、锌、钡、硼、铁、铬、铜、锰等，其中铁的含量为 255.5 μg/g，远比牛肝（141 μg/g）、沙丁鱼（40 μg/g）高；锌的含量为 21.4 μg/g，与牛肉（24 ~ 50 μg/g）的含量相当；锶的含量为 107.0 μg/g。另外，每 100 g 文冠果叶中钾、钙、镁的含量分别为 1 820.9 mg、489.4 mg、78.2 mg。

目前，已从文冠果叶中分离出生物碱、有机酸、鞣质、皂苷等多种化学成分。采用超声辅助法和回流提取法对文冠果叶中活性成分进行提取，醇提物总含量高达 30% 以上，活性成分中三萜类含量最高，多酚和黄酮含量次之。

（三）文冠果花的主要成分

文冠果花（图 7-1）花青素含量高，是开发抗衰老化妆品、功能性茶饮的优质原料。此外，文冠果花中富含酚酸类成分，如具有抗炎、抗病毒、改善发质光泽度的白桦脂醇，具有止咳平喘抗氧化、抗癌、抗癫痫、解痉作用的山萘酚，具有祛痰、改善心脑血管疾病的槲皮素，以及临床上用于治疗细菌感染的柚皮素等。

目前，从文冠果花中共鉴定出 64 种化合物，包括 9 种萜类、14 种维生素 C 类、16 种黄酮类、25 种其他类化合物。

图 7-1　文冠果花

（四）文冠果种仁的主要成分

文冠果种仁（图 7-2）开发利用价值极大，已被确定为我国北方唯一适宜发展的生物质能源树种。文冠果种仁油中不饱和脂肪酸总量高达 94.4%，被证实是一种高档木本食用油，具有突出的保健功能。研究表明，文冠果种仁中蛋白质含量为 11.32% ~ 18.2%，脂肪含量为 54.06% ~ 57.95%，总糖含量为 2.18% ~ 3.17%，并且含有 17 种氨基酸，平均含量为 25.30%。

图 7-2　文冠果果实及种仁

（五）文冠果木的主要成分

文冠果的枝干是重要蒙药材，对多种疾病疗效显著。从果木中分离得到的活性三萜，在结构上主要以具有齐墩果烷骨架的玉蕊醇型三萜皂苷为主，含有三糖、四糖的残基，糖种类包括了葡萄糖、鼠李糖、木糖和半乳糖等。这些三萜结构都不同程度显示出文冠果对肿瘤细胞生长活性抑制及对脑神经的兴奋作用。

内蒙古乌兰浩特市的老中医池松泉先生，总结 60 年行医的经验，对文冠果木和种子的药性药效进行了归纳。他认为文冠果木性甘、平，无毒，涸黄水与血栓。肉（种仁）味如栗，益气，润五脏，安神，养血生肌，久服轻健。它最显著的作用是通络化栓，可消解血管内的各种栓子；具有非常好的穿透力，能有效引导组方内的其他成分达到病灶；可削减组方内各成分的矛盾，提高整体药效；能缩短疗程，减轻患者负担。他在治疗精神、神经病和心脏病的药方里也大量使用文冠果木。

二、文冠果营养成分的功效

文冠果种仁营养丰富，富含多种人体所需的营养成分。目前，从文冠果种仁中共鉴定出 41 种化合物，包括 14 种萜类、10 种维生素 C 类、3 种甾醇类、3 种生物碱类、11 种其他类化合物。

文冠果种仁中含有不饱和脂肪酸、亚油酸、亚麻酸、甘碳烯酸、黄体酮、香豆素、优质蛋白、二十碳四烯酸、粗纤维、神经酸、秦皮素与秦皮苷等。

不饱和脂肪酸：调节血脂、清理血栓、免疫调节、维护视网膜提高视力、补脑健脑、改善关节炎症状减轻疼痛。

亚油酸：降血压、血脂、抑制胆固醇上升，预防心血管病。

亚麻酸：促进人体新生组织生长、促进受损细胞组织修复、促进前列腺素合成、防止脱发。

甘碳烯酸：促进孩子大脑和视力发育。

黄体酮：缓解女性因激素缺乏所引起的相关症状、延缓女性衰老、防止骨质疏松、保护脑功能、延缓自发性发生的阿尔茨海默病。

香豆素：抗肿瘤、抗菌（大肠埃希菌）、抗真菌。

优质蛋白：促进身体机能发育。

二十碳四烯酸：促进人体新生组织生长、促进受损细胞组织修复。

粗纤维：促进肠胃运动、预防和治疗糖尿病。

神经酸：修复受损的神经元末梢、促进神经细胞生长发育、提高脑神经活跃程度。

秦皮素与秦皮苷：抗菌、消炎、抗凝血、抗肿瘤、防紫外线、促尿酸排泄及较强的神经保护作用。

叶酚酸类：缓解乙醇中毒，具有解酒护肝的特殊功效。

白桦脂醇：抗炎、抗病毒。

山柰酚：止咳平喘、抗癫痫、解痉挛。

柚皮素：临床上用于治疗细菌感染。

三、文冠果种植经济效益测算

文冠果树是极具潜力的油料树种。依据山东地区文冠果产量数据，3年生的文冠果树单株平均产文冠果种仁 0.5 kg，并有等量果壳；4 年生的文冠果树单株平均产文冠果种仁 1 ~ 1.5 kg，并有等量果壳；5 年生的文冠果树单株平均产文冠果种仁 2 kg。

当前市场上，1 kg 文冠果种仁价格在 50 ~ 100 元范围浮动，1 kg 果壳价格为 10 ~ 20 元。从种植文冠果开始，到第 3 年就有产量，产生经济效益。随着文冠果树龄的增加，其种仁产量也稳步增加。文冠果树是长寿树种，树龄可达 1 000 多年，盛果期在 10 ~ 300 年。

从第 3 年开始，按每亩种植 110 株文冠果、1 kg 种仁价格 50 元、1 kg 果壳价格 10 元计算，单位面积文冠果的产值见表 7−1。

表 7−1　单位面积文冠果产值估算

文冠果树龄 / 年	3	4	5	6
种子产量 /kg	55	110	220	440
种子产值 / 元	2 750	5 500	11 000	22 000
果壳产值 / 元	550	1 100	2 200	4 400
年亩产值 / 元	3 300	6 600	13 200	26 400
油亩产值 / 元	11 000	22 000	44 000	88 000

注：以第 3 年为例估算亩产量、产值。

第三年亩产量、亩产值：

种子产量：0.5 × 110 = 55（kg）　　种子产值：50 × 55 = 2 750（元）

果壳产值：10 × 55 = 550（元）　　年亩产值：2 750 + 550 = 3 300（元）

文冠果油效益分析，文冠果种子榨油率在 50% 左右，文冠果油在每 400 ~ 500 元 / 千克，则种植第 3 年油亩产值：400 × 55 × 50% = 11 000（元）。

另外，文冠果叶可制成文冠果茶。每亩 3 年以上树龄的文冠果树可采鲜叶 100 ~ 150 kg，炒制后得文冠果茶 30 ~ 50 kg，1 kg 文冠果茶市场价为 500 ~ 600 元，可得出每亩文冠果茶产值至少为 15 000 元。

近些年来，文冠果逐步开始进行深度、综合开发利用。一是生物医药方面，开发用于治疗风湿病、老年痴呆症和遗尿症的新药；二是开发饮料、口服保健液，如文冠果凉茶、文冠果蛋白口服液等；三是开发相关食品和食品添加剂，如文冠果种仁罐藏食品、叶与油渣蛋白质的综合开发利用等。如果对文冠果全面开展深度综合利用，栽植文冠果的经济效益将会进一步提高。

第 2 节　加工利用

一、文冠果油

文冠果的命名多是围绕它的果实，辅以其长久的历史背景，如文官果、智慧果、菩提果等。古人推崇文冠果，是因为它种子含油量极高，人们用文冠果油供奉佛灯，能够长明不灭，所以也被称为“佛果”，过去只有住持级别的人才有资格享用。20 世纪 70 年代，我国招待到访的美国总统尼克松夫妇时的国宴用油就是文冠果油。

文冠果油由文冠果的果籽榨取而成，是一种高级药食兼用油。常温下油品清亮，色泽金黄，味道甘美，香气清新，营养丰富。文冠果油酸值低、碘值高，符合国家一级食用油标准。文冠果油凝固点低，容易被人体吸收，在人体血管内不易沉积，在零下 15℃低温中，仍然保持油品清亮，色泽金黄，不易掺假（见图 7−3）。

图 7−3　文冠果油产品

物理特性：比重为 0.92 g/mL（25℃），折射率为 1.47（25℃），酸值（KOH）为 0.39 mg/g，过氧化值为 0.58 ~ 0.83 meq/kg，皂化值（KOH）

180.59 ~ 187.43 mg/g，不皂化物 0.44% ~ 0.52%，碘值（I）129.77 ~ 137.60 g/100 g（Yu et al.，2017）。

热稳定性：在升温速度 10 ℃ /min 条件下，到 180 ℃时甘油三酯（TG）降解约 1%，390℃时降解约 48%，在 480℃时降解 98% 以上（Gu et al.,2019）。在 180℃烹饪温度下加热 0 ~ 8 h，4 h 时文冠果油的脂肪酸和甾醇构成组分变化不大，维生素 E 有所损失，过氧化值和酸价有所增加（董志文等，2018）。

（一）不饱和脂肪酸

文冠果油中的脂肪酸是人体最易于吸收的，主要为亚油酸（ω−6）和油酸（ω−9），属于软性脂肪酸，容易吸收，可帮助调节人体的各种机能，排出体内多余的垃圾。文冠果油中不饱和脂肪酸的含量比山茶油高 3% ~ 8%，文冠果油中饱和脂肪酸的含量比橄榄油少 78%，比花生油少 90%。

（二）神经酸

神经酸又称鲨鱼酸，是大脑神经细胞和神经组织的核心成分，有能促进受损神经组织修复和再生的特效物质。文冠果油含有 2% ~ 5% 的神经酸，在预防脑萎缩、阿尔茨海默病等退行性脑病，改善记忆，促进大脑发育以及预防脱髓鞘类疾病等方面发挥重要作用。因此，文冠果油也被称为“脑黄金油”“智慧油”和“聪明油”。

（三）其他多种营养成分

文冠果油中富含人体所需的甾醇、黄酮类、酚类物质，富含天然维生素 E，具有天然抗氧化的优势。

可直接在牛奶、酸奶、豆浆中加入文冠果油混合食用，亦可作为食用油做凉拌菜等。

文冠果油的烟点较高，非常适合煲汤和煎炒，可以最大程度保留营养成分。

以文冠果油代替其他食用油烘焙糕点，香气四溢，色泽金黄，美味可口，营养更容易吸收。

二、文冠果茶

文冠果茶在蒙古高原有着悠久的历史。目前市面上文冠果茶集儒、释、道养生理论和民族医学中藏、蒙医学理论以及悠久的茶文化为基础，利用文冠果叶开发出的代茶，香味独特、色泽清亮、口感纯正微甜、营养成分丰富，具有保健作用（图 7-4）。

图 7-4　文冠果嫩芽茶原料

文冠果古称“长寿果”，古代儒家、佛家、道家都曾用文冠果树的叶子制成养生茶饮用，故称“长寿茶”。据记载，秦始皇统一六国后，派出各路使节寻求长生不老之药，得此茶后极为满意，即封其为“御用神茶”。明代蒋一葵著《长安客话》记载：文官果肉旋如螺，实初成甘香，久则微苦。昔唐德宗幸奉天，民献是果，遂官其人，故名。《康熙大典》记载：董妃常饮文冠茶，青春永驻，若如天仙。徐光启（玄扈先生）曰：子本嘉果，花甚多可食。在相当长的时间里，文冠果是宫廷御用珍品（图 7-5）。

图 7-5　文冠果茶产品

文冠果叶茶中富含钾、钙、镁、铁、锌、锶等微量元素和人体必需的17 种氨基酸，黄酮类、皂苷类以及多酚类化合物等成分含量均高于其他茶产品，能够抗氧化、杀菌、消炎和抗衰老，对人体血液“三高”（高血脂、高血糖和高血压）疾病具有一定保健功效。文冠果茶中不含茶碱，饮用后不会刺激大脑兴奋，下午或晚间饮用，既可以养生保健，又不会影响睡眠。

文冠果叶茶味甘爽，具清香，愉悦适口，有祛风除湿、消肿止痛、敛干黄水的功效，长期饮用，对风湿、黄水（痛风）人群、肥胖人群有良好的改善效果。

文冠果茶产品的冲泡方法：叶茶取茶 3 ~ 5 g，沸水冲泡，趁热饮用，焖泡时取用 2 ~ 3 g。文冠果茶与沸水比例，可根据爱好灵活掌握。一般每日 4 ~ 10 g 当茶饮，随泡随饮（图 7-6）。花茶取茶 3 ~ 5 g，宜80 ~ 90 ℃水温冲泡，充分保留文冠果花的优美外形，色泽金紫相间，冲泡汤色金黄清亮，滋味甘甜，花姿优美。

图 7-6　文冠果花茶

三、文冠果制作活性炭

活性炭是一种具有强吸附性能、大比表面积、丰富微孔结构的环保型碳质材料，现在已广泛应用于农业、工业和环境保护等领域。我国北方文冠果资源丰富，文冠果果壳可以用来加工制备活性炭。

文冠果果壳活性炭存在丰富的微孔和中孔结构，BET 比表面积为 1 455.233 m^2/g，微孔约占 90%，中孔约占 10%。

研究表明，文冠果果壳活性炭最佳制备工艺条件为氯化锌浓度 60%，浸渍比 2∶1；炭化温度 250 ℃，炭化时间 3 h；活化温度 600 ℃，活化时间 60 min。此时对亚甲基蓝和碘的吸附量分别为 368.69 mg/g 和 1 584.96 mg/g。

（一）文冠果果壳活性炭的制备

1. 文冠果果壳处理

将文冠果果壳进行粉碎，之后进行高温干燥脱除水分，再次粉碎过筛，选取 20 ~ 60 目的颗粒，得文冠果果壳粉碎物，置于恒温电热干燥箱中干燥，使文冠果果壳粉碎物水分含量降至 10% 以下。将预处理后的文冠果果壳颗粒放入粉碎机内进一步粉碎，过筛，选取 120 ~ 180 目的文冠果果壳粉末。

2. 氯化锌浸渍

取质量分数为 30% ~ 60% 的氯化锌溶液，将步骤 1 中的文冠果果壳粉末与配制好的质量分数为 30% ~ 60% 的氯化锌溶液按固、液的质量比 1∶1 ~ 3∶1 混合，反复搅拌使至均匀。

3. 炭化活化

用酸性氯化锌溶液浸渍后的文冠果果壳粉末，先在温度设定为 150 ~ 250℃的干燥箱中加热炭化 3 ~ 5 h；然后放入电阻炉中，将温度调高至 300 ~ 400℃，进入活化阶段。文冠果果壳活性炭的活化时间控制在 60 ~ 120 min。

4. 漂洗、干燥、过筛得成品

将活性炭取出，加清水反复洗涤，使其 pH 值为 7。将湿活性炭置于温度为 100 ~ 120℃的干燥箱中干燥，使活性炭的含水率降低至 10% 以下，并粉碎研磨、过筛，得到成品文冠果果壳活性炭。

（二）文冠果果壳活性炭的优点

以文冠果果壳制备活性炭，原料来自文冠果生物柴油的加工剩余物，原料充足，变废为宝。以文冠果果壳为原料经氯化锌溶液活化工艺制备活性炭，工艺简单、生产成本降低、污染少、对设备腐蚀性小、机械强度高、经久耐用。用氯化锌活化法制备的文冠果果壳活性炭比表面积大、孔隙结构发达、吸附性能好。

四、文冠木制作工艺品

文冠果木材木质坚硬，密度高，心材属于优质的北方红木，颜色美观，可以作为家具材料或者根雕艺术材料。文冠木在我国的使用历史源远

流长，早在元明时期，人们用文冠木制作的布日耶(即大号)作为成吉思汗的军号，至今仍保存在伊金霍洛的成吉思汗陵。陕西、山西一带的根雕艺人喜欢用奇形怪状的文冠果树根，雕琢成一个个颇具审美价值的艺术品，一直流传至今。在延安、甘肃陇东，农村老人认为文冠果木对身体健康有利，常用于修制烟袋锅。文冠果木材、根材是上好的雕刻材料。在农村，常以文冠果木为原料，雕刻成小老虎、小狮子或小碾子，用于拴小孩。小孩头疼脑热，他们会将小老虎用水煮，取少许汤给小儿服用，这可能与文冠果的药用价值有关。

（一）文冠根雕

文冠果木材材料坚硬、细腻，枝杈繁杂，盘根错节，且文冠果名字中的“文冠”谐音“文官”，寓意在科举考试中成功高中、金榜题名。所以，文冠果树根特别适合进行根雕创作，成为装饰佳品。

（二）具体制作步骤

1. 选材

用于根雕创作的材料，应尽量选择盘根错节、弯曲有致的树根、树蔸(方言，树的下端，根须由此伸出)，尤其是粗细交错，瘤节斑疤，表面多孔洞、隆突、臃肿的根茎，更适合进行根艺根雕创作。选料不厌其弯，但嫌其直，越是老态龙钟、奇形怪状的树根，越能诱发联想，产生美感。

2. 干燥

为了避免木材材料变形、开裂，往往需要先对木材进行干燥处理。干燥处理方法一般分为自然方法和人工方法。自然干燥，即把根材放到背阴通风处让其自然风干。需要注意的是，不要把根材放在阳光下暴晒，也不要置于空气流通过于剧烈的地方，以免木材开裂；要避免雨淋，以免生虫。人工干燥的方法比较多，如火烤、水煮、蒸汽、炉烘、电热等。受条件限制，大多采用水煮法进行烘干。把根材放入水中煮大约5个小时，既可以达到干燥的效果，又可以为根材去皮，还有助于灭虫杀菌。二者相比，自然干燥只需要把根材放于阴凉通风处，既简单又不会破坏根材，是最方便可取的方法。

3. 修整

木材选好之后，要明确做成什么样的造型最合适，然后对材料进行简单修整。除去多余部分，并根据构思将树根大致形象表达出来，部分过长的杈根宜去除，但不可随便去除枝杈，以免给造型创作造成遗憾。

4. 构思

创作根雕、木雕的主题必须明确。一块根材，能做成抽象的艺术品还是具体的艺术品，木雕的主题必须明确。要考虑整体构思和局部构思，发挥创造性思维，尊重根材的天然趣味，把苍劲气势、疙瘩坑凹、残缺块面、皮色处理、线条明暗、圆曲体面的造型手法有机结合成一种韵律，达到从形似到神似。

5. 去皮

对于木雕艺术品来说，去皮不是绝对必要的步骤。需不需要去皮、去多少皮，都是根据作品创作的具体情况来说的。在为根材去皮时，要注意根材的材质以及根皮的颜色、剥落类型、开裂情况等。也有在干燥前进行去皮处理的。干燥前去皮处理方法有很多，如水泡法、腐烂法、火烧法等。工厂一般都采用机械去皮法。

6. 防虫防菌

真菌和蛀虫往往会藏在根材的内部，温度适宜时就会对根材造成侵害，使根材腐朽变色，所以必须进行防虫、防菌处理。把根材浸入水中，使其保持最高的含水率，可以有效防止细菌和蛀虫的侵害。这就是根材的水存法。采用覆盖或加入防腐剂和杀虫剂的方法保护根材，就是根材的干存法。

7. 上色

为了突出木雕的艺术形象，提高木雕的艺术感染力，往往需要对木材进行上色处理。木雕上色的常见方法有 3 种：补色法、仿古上色法、保持木材自然色。

（1）补色法：一些木材受一系列外在因素的影响，表面的颜色会变得深浅不一，为了使颜色统一，就必须进行补色处理。补色需要用化学原料或天然矿物原料，仿照木材本身的颜色对木材进行修补，使木雕作品颜色自然统一。

（2）仿古上色法：为了使木雕作品带有古色古香的韵味，人们往往喜欢用各种颜料将木雕工艺品做成古朴的色调，备受推崇。

（3）保持自然色：文冠果木材本身纹理清晰，自然氧化后色泽光亮，保持自然色效果更加出众，不必上色。在上漆或打蜡时也应该选用无色的漆或蜡，以保证木材的纹理清晰可见。

8. 打磨抛光

为了更清楚地显示作品的自然美和创作者的创作意图，往往需要对木材进行打磨抛光处理。打磨抛光可以采用手工方法或机械方法。为了使木雕作品保持自然美的魅力，达到理想的艺术效果，打磨抛光也要做到有的放矢。

9. 加工油漆

细加工过程是工艺流程的重要组成部分。作品雕琢完成后，先用玻璃或有弹性的锯片把烂疤、刀印消除掉，然后用砂皮纸进行打磨，直到不留刀刻的痕迹方为结束。油漆是作品最后的化妆。早期根艺作品一般是上蜡或用土漆。有些作者在作品表层上涂重色或一般的清漆，用意是为了增加作品的完美感。但由于掩盖了根的天然色泽，其效果往往适得其反。浙江省开化县的木雕艺术源远流长。开化根雕后期的作品不涂重色或一般的清漆，仅在色泽差异较大的地方加颜色，充分利用自然纹理的形态显示根艺作品的独特风格。有的地区木雕还保留一种民间仿古上漆方法，作品细加工后，先用特制的刷打上白蜡，用布擦亮，然后抹上土漆，把作品放在潮湿阴凉处阴干后，再用细砂皮纸打掉，反复十道工序后，不仅能获得一种特殊的艺术效果，还具有防腐、防蛀的作用。

部分精美的文冠果材质根雕成品如图 7-7。

图 7-7　文冠果根雕作品

五、文冠果制作护肤品

文冠果叶和种仁中含有利于皮肤吸收且无害的物质，并且有杀菌的作用，长期可保持皮肤的干净。文冠果果仁、果柄、果叶中的活性物质可以使脸部的皮肤毛孔保持良好的收缩状态，脸部有光泽，肌肉富有弹性。

研究表明，可以利用文冠果油制作护肤品。掺入文冠果油的护肤品，具有滋润保湿、抗氧化等功效，并能够充分利用文冠果及文冠果花的有效成分。文冠果做成的化妆品，具有美白淡斑的功效。近年来，一些化妆品企业瞄准了文冠果医美价值，利用文冠果油为基质，添加文冠果提取的增白、祛斑成分，生产出高级的化妆品。一些高档按摩行业，也利用文冠果亚油酸含量高、皮肤渗透力强、保健功能显著的特点，把文冠果油作为按摩用的底油。

充分利用好文冠果宝贵的资源，可以挖掘文冠果更多价值、创造更高的经济效益。

（一）配方组成

1. 水相组分

0.3 kg 乙二胺四乙酸二钠（EDTA-2Na）、0.04 kg 卡波姆、0.3 kg 甘油、0.15 kg 透明质酸、75 kg 水。

2. 油相组分

2 kg 鲸蜡醇（别名棕榈醇、C16- 醇）或硬脂醇（别名 C-18 醇）、3 kg 乳木果油、2 kg 硬脂酸甘油、1.5 kg 氢化聚癸烯、8 kg 文冠果油。

（二）制备方法

第 1 步，将水相组分和油相组分分别加热至所需温度，进行均质处理。

第 2 步，将水相组分加入油相组分中，并加热至 90°C，进行乳化操作。

第 3 步，乳化后，加入氢氧化钠溶液调节至 pH5.5 ~ 7。

第 4 步，冷却至 45°C 以下，加入文冠果花提取液和精制木醋液，搅拌均匀，得到护肤品。

文冠果花提取液制备方法：取 5 月份盛花期的文冠果花冷冻干燥后粉碎，水分含量在 1% ~ 2%，用水蒸气蒸馏法提取，取蒸馏物的上层油相，即为文冠果花提取液。

以文冠果油为基础油的护肤品，通过在制备过程中合理搭配水相组分和油相组分，具有滋润保湿、抗氧化等功效，且制备过程简单，便于规模化操作，生产成本低。

六、动物饲料

目前，国内外对文冠果的开发主要是将文冠果种仁用于提取油脂，大量的文冠果油渣和文冠果壳被废弃，不仅造成极大浪费，还会污染环境。文冠果油渣是指文冠果种仁提取油脂后的下脚料混合物，其中蛋白质含量高，富含精氨酸、丝氨酸、谷氨酸等氨基酸。除此之外，油渣中还富含钙、磷等微量元素，是制造精饲料的理想原料。文冠果粕中蛋白质含量高达 40%，且含有 18 种氨基酸，开发为精饲料可以提高文冠果的综合利用价值。另外，文冠果壳中含有丰富的粗纤维，含量在 41% 以上，是玉米秸秆等粗饲料原料的理想替代者。用文冠果榨油后的油渣养猪育肥取得了成功。

七、神经酸保健品

神经酸（*Nervonic Acid*），学名顺-15-二十四碳单烯酸，别名鲨鱼酸，是一种单不饱和脂肪酸。神经酸纯品在常温下为白色片状晶体，能溶于醇，不溶于水，熔点 39 ~ 40℃。由于早期发现于哺乳动物的神经组织，故命名为神经酸。

神经酸是目前各国科学家公认的能修复疏通受损大脑神经通路－神经纤维，并促使神经细胞再生的双效物质。神经酸是大脑神经纤维和神经细胞的核心天然成分。神经酸的缺乏将会引起脑卒中后遗症、阿尔茨海默病、脑瘫、脑萎缩、记忆力减退、失眠健忘等脑疾病。人体自身很难合成神经酸，必须靠食物摄取补充。

神经酸在神经组织和脑组织中含量较高，是生物膜的重要组成成分，通常作为脑甙中髓质（白南）的标志物，参与生物膜有关的多种特殊生理功能。

（一）文冠果油中的神经酸

文冠果系无患子科文冠果属，别名文官果、文冠花、文登阁、温旦革子、崖木瓜、僧灯毛道等，是我国特有的木本油料植物。

近年来，我国科学家发现文冠果油中含有 2% ~ 5% 的神经酸，这为文冠果油在健脑和保健品行业中的进一步开发利用取得了重要成果。

（二）神经酸的功能作用

1. 神经酸对脑神经的作用

国外研究表明，神经酸是大脑神经细胞和神经组织的核心天然成分，是迄今为止世界上发现的能促进受损神经组织修复和再生的特效物质，是神经细胞特别是大脑细胞、视神经细胞、周围神经细胞生长、再发育和维持的必需高级营养素，对提高脑神经的活跃程度、防止脑神经衰老有显著作用。大量医学研究证明，神经酸具有恢复神经末梢活性、促进神经细胞生长和发育的功能。

随着年龄的增长，机体中神经酸的缺乏将会增加脑卒中后遗症、阿尔茨海默病、脑瘫、脑萎缩、记忆力减退、失眠健忘等退行性脑病的发生概率。未发病的中老年人群适当地补充神经酸，可以一定程度上预防上述疾病发生。

除了作为修复因子，在脑神经系统的发育生长过程中，神经酸作为一种营养因子，对脑神经系统发育生长，脑细胞间的连接形成均具有促进作用。法国科学家研究发现，如果在怀孕期或婴儿期摄入一定量的神经酸，能大大加快大脑发育。

婴幼儿很难从一般食物中获取神经酸，尤其是早产儿，从母乳中获取该物质是非常重要的。因此，若在即将怀孕、怀孕、哺乳期妇女食品及早产婴儿、断乳期婴幼儿食用的母乳化配方奶粉中适当添加神经酸成分，有利于促进婴幼儿的大脑发育，提升智力水平，对提高新生儿、婴幼儿及儿童的智力素质具有非常重要的意义。

2. 神经酸的药理作用

齐薇格综合征是一种伴随着长链脂肪酸新陈代谢失调引起过氧物酶缺失产生的疾病，会导致严重精神发育迟缓、癫痫发作、视网膜疾病、肝脏疾病和早死。研究结果表明，富含神经酸的饮食治疗有利于齐薇格综合征患者神经系统的发育。

肾上腺脑白质营养不良是遗传性脂类代谢病，其临床表现主要为进行性精神运动障碍、视力及听力下降或肾上腺皮质功能低下等。研究发现，老鼠体内的极长链脂肪酸中神经酸的不足会导致髓鞘形成受损，经过各项试验表明，在饮食中添加神经酸对治疗肾上腺蛋白质营养不良有帮助。

多发性硬化症是因为在中枢神经产生块状的髓鞘质脱失而发生的症状。中枢神经系统可能同时有多处的神经出现髓鞘质脱失受损的情形称作多发性硬化症。研究发现神经酸可以一定程度上缓解多发性硬化症状。

预防糖尿病等研究发现，神经酸作为一种长链脂肪酸，通过促使人体必需脂肪酸 ω~3 系、ω~6 系正常代谢，二者协同作用，能迅速降低血液中低密度脂蛋白，升高高密度脂蛋白，降低血清中总胆固醇含量，降低血液黏稠度，抑制血小板聚集能促进胰岛中细胞分泌胰岛素，从而预防糖尿病。另有研究表明，神经酸可以改善血液微循环，对高血脂、高血压、高血糖、动脉粥样硬化等症有明显效果，能有效预防心脑血管病、糖尿病、阿尔茨海默病等疾病的发生。

3. 神经酸的其他作用

神经酸的其他作用包括如用于各种神经系统疾病的治疗或辅助治疗、用于婴幼儿配方奶粉或益智保健食品、用于改善机体衰老、用于防治艾滋病、合成昆虫性信息素、合成环十五内酯、合成麝香酮、合成神经酸钙等。

第8章 文冠果产品加工及营养成分研究进展

第1节 文冠果种仁

一、文冠果种仁营养物质分析

陆昕等人通过研究发现，文冠果种仁（图8-1）中含有丰富的营养物质，包括蛋白质、脂肪、粗纤维、维生素、碳水化合物等。其中，脂肪的质量分数最高，平均为56.2%；其次为蛋白质，质量分数为25.9%；灰分含量可以反映文冠果种仁中矿物质的含量，文冠果种仁中灰分含量分数为2.4%，表明其含有丰富的矿质元素和微量元素。

图8-1 文冠果种仁

研究者将文冠果种仁中的营养物质与大豆、花生进行比较，发现文冠果种仁中粗脂肪、粗纤维的含量最高。其中，粗脂肪含量分别是大豆和花生的 3.28 倍、1.17 倍，粗纤维含量分别是大豆和花生的 1.91 倍、1.75 倍。

文冠果种仁中含有丰富的磷（P）、钙（Ca）、钾（K）、镁（Mg）等矿质元素和铜（Cu）等微量元素。其中，钾元素的含量最高，为 7 026.67 mg/kg；其次为磷元素，含量为 6 003.3 mg/kg；镁和钙元素的含量也较高，分别为 1 913.33 mg/kg、672.0 mg/kg。

对比不同地区文冠果的种仁，磷元素和镁元素含量最高的地区均为内蒙古阿拉善，分别为 6 280.0 mg/kg、2 060.0 mg/kg；钙元素和钠元素含量最高的是山东潍坊，分别为 803.0 mg/kg、9.6 mg/kg；钾元素含量最高的地区是陕西富县，为 7 820.0 mg/kg；铜元素含量最高的地区是新疆石河子，为 8.3 mg/kg。

与大豆和花生相比，文冠果种仁中磷、钙、钾等矿物元素的含量低于大豆但高于花生，分别是花生的 2.94 倍、1.68 倍、2.30 倍；镁元素分别是大豆和花生的 1.52 倍、1.20 倍。其他微量元素中，文冠果种仁中钠元素的含量远高于花生，是花生的 3.53 倍。

二、文冠果脂肪酸组成和含量

李显玉等人提出，文冠果种仁中含有 13 种脂肪酸，分别为棕榈酸（C16：0）、棕榈油酸（C16：1）、硬脂酸（C18：0）、油酸（C18：1n9c）、亚油酸（C18：2n6c）、α- 亚麻酸（C18：3n3）、花生酸（C20：0）、顺 -11- 二十碳烯酸（C20：1、11）、14- 二十碳烯酸（顺，顺 - 二十碳烯酸，C20：2）、二十二碳酸（C22：0）、13- 二碳烯酸（顺 -13- 二十二碳一烯酸，C22：1n9）、二十四酸（C24：0）、二十四碳烯酸（顺 -15- 二十四碳一烯酸，C24：1）。其中，油酸的质量分数约为 41.23%，容易被人体吸收，可以降低人体血脂、抑制低密度脂蛋白升高。亚油酸质量分数约为 30.37%，是人体必需脂肪酸，可以降低胆固醇、预防动脉粥样硬化。亚油酸和油酸是文冠果种仁脂肪酸最主要的组成部分，

摄入二者含量高的文冠果种仁，有益于人体健康。文冠果种仁含有的特殊的功能性脂肪酸中，神经酸的质量分数约为3.27%，这与文献报道的含量（1.4% ~ 4.6%）相符。神经酸是大脑神经纤维和神经细胞的核心天然成分，具有修复大脑神经信息传递通道的功效，对预防和治疗脑神经衰弱和阿尔茨海默病有独特作用。

文冠果种仁中不饱和脂肪酸的质量分数约为91.47%。不饱和脂肪酸具有较好的生理活性，能保证细胞的正常生理功能，可降低血液中胆固醇、甘油三酯和血液黏稠度，改善血液微循环，提高脑细胞活性，增强记忆力和思维能力。

三、文冠果氨基酸组成分析与评价

杨素芝等人指出，文冠果种仁中包含有赖氨酸、苯丙氨酸、蛋氨酸、苏氨酸、异亮氨酸、亮氨酸、缬氨酸、组氨酸、精氨酸、甘氨酸、丙氨酸、脯氨酸、酪氨酸、丝氨酸、胱氨酸、天冬氨酸、谷氨酸等17种氨基酸，总质量分数为24.27%。文冠果种仁中含有除色氨酸以外的其余8

种人体必需氨基酸，总质量分数为 8.44%，占文冠果种仁所有氨基酸的 34.77%。其中，含量最高的是亮氨酸，质量分数为 1.84%，往下依次为缬氨酸、异亮氨酸、赖氨酸、苯丙氨酸、苏氨酸、组氨酸、蛋氨酸。

根据文冠果种仁中各氨基酸的含量，可计算得到每种氨基酸的质量分数。将计算结果与 WHO/FAO（世界卫生组织 / 联合国粮食及农业组织）提出的评价蛋白质营养价值的必需氨基酸标准模式进行对照分析可知，人体必需氨基酸中占总氨基酸比例较高的是亮氨酸（7.6%）与缬氨酸（5.9%）。通过比较各氨基酸在总氨基酸中的占比可知，文冠果种仁中亮氨酸、苯丙氨酸 + 酪氨酸、缬氨酸、异亮氨酸和组氨酸的含量要高于标准模式，其中组氨酸的含量为标准模式的 1.25 倍，在所有必需氨基酸中最高；赖氨酸、蛋氨酸 + 胱氨酸和苏氨酸的含量略低于但接近标准模式。

基于 WHO/FAO 的氨基酸平衡理论，结合 WHO/FAO 发布的必需氨基酸标准模式数据，计算出必需氨基酸与 WHO/FAO 标准模式谱值的比值（RAA）、氨基酸比值系数（RC）和氨基酸比值系数评价得分（SRC）。结果表明，文冠果种仁氨基酸比值系数评价得分约为 77.55 分，相对接近 100 分，表明文冠果种仁营养价值相对较高。

冯昭辉等人对不同产地文冠果种仁的营养物质、脂肪酸、活性成分、氨基酸等组成与含量进行了测定，也得出结论，不论文冠果种仁产地如何，都具有营养物质和活性物质丰富、所含人体必需氨基酸的种类齐全、并且含有功能性脂肪酸神经酸的特点，是有利于人体健康的优质食品原料。

第2节 文冠果油

一、文冠果油概述

在我国，系统研究文冠果的成分性状等内容的记录最早见于1946年。最新研究表明，文冠果油（图8-2）含各类脂肪酸、植物醇以及维生素E、磷脂、单宁、黄酮、多酚等其他微量活性成分。其中，脂肪酸主要包括亚麻酸、亚油酸、油酸、棕榈酸、硬脂酸等。暴雪等人发现文冠果油中亚油酸、油酸、亚麻酸的含量占比最高，相对含量最高值分别达到30.54%、24.44%、6.42%。付玉杰等人采用GC-MS检测分析发现，文冠果油中不饱和脂肪酸含量高达94.36%。阿拉坦图雅等人用气相色谱法测得文冠果油中不饱和脂肪酸含量达到90%以上。许佳敏等人测得文冠果油所含生育酚和生育三烯酚含量普遍高于花生油、菜籽油、芝麻油和油茶籽油，其中生育酚含量还高于稻米油、橄榄油、葡萄籽油和棕榈油。

文冠果油作为优质食用油，含有丰富的亚油酸、亚麻酸、廿碳烯酸等人体本身不能合成的物质。但受其分布范围等因素的影响，文冠果油的应用范围目前只局限在西北地区。文冠果种仁含油55%～66%，油脂为半干性油，除了作为高端食用油外，也可用来制作高级润滑油、喷漆及肥皂

图8-2　文冠果油

等，非皂化部分中的甾醇可用来制作液晶材料。文冠果油中的植物甾醇还是一种较好的抗菌剂。刘俊义等人、曹立强等人均对文冠果油中的植物甾醇进行抑菌活性研究，结果表明，该甾醇对金黄色葡萄球菌、鼠伤寒沙门氏菌、大肠杆菌和枯草芽孢杆菌都有明显的抑制作用。国内已经以文冠果油为基本原料，生产出对高血压症有预防和治疗效果的亚油酸滴丸和中成药“益寿宁™”（亚油酸维生素 E 胶丸——二维芦丁片）。

二、文冠果油制备技术

（一）文冠果油制备方法

1. 压榨法

压榨法属于传统制备工艺，是目前生产上最常用的油脂提取工艺。根据物料压榨前是否进行热处理，压榨法分为冷榨和热榨。压榨法虽然饼残油高、动力消耗大，但所得的油脂无掺杂，稳定性好，且风味纯正，工艺简单，目前仍有广泛应用。邓红等发现冷榨法提取的文冠果油中，亚油酸

和油酸含量较高，适合做食用油。常志娟等分析比较冷、热榨法得到的文冠果油品质，发现两种压榨方法所得到的文冠果油中脂肪酸种类差别不大，但冷压榨处理得到的油品质更好，氧化程度、皂化值都比热压榨处理得到的油低。李信等研究发现，用微波预处理文冠果种仁后再冷榨比直接冷榨的出油率高 10%。

虽然通过一些试验可以初步得出结论，但客观地讲，采用压榨法提取文冠果油时温度对其营养成分的影响还有待进一步探讨，冷榨法与热榨法提取文冠果油哪种相对更优，也需要进行深入研究。

2. 溶剂浸提法

浸提法利用相似相溶原理对文冠果油进行提取，出油率高，对活性物质影响小，是目前生产上常用的方法，可以实现规模化生产及生产自动化，但存在提取油脂含杂质多、色泽较深、溶剂残留等缺点。

浸出法采用的浸出剂主要是正己烷、石油醚等，不同浸提溶剂对文冠果油的提取效率存在差异。郭雄团队和阮瑜琳、刘玉兰团队采用不同方法提取文冠果油，以正己烷作为提取溶剂浸提时的得油率高达 98.04%，多不饱和脂肪酸相对含量为 41.78%，油色泽淡黄，有坚果香味，后味略有苦涩味。丁立军团队、周泉城团队、陈曾团队用石油醚作为提取溶剂，采用超声波辅助浸提法，出油率分别达 62.56%、68.60%、58.95%，提取的文冠果油品质较好，且宜贮藏。这说明，浸提时增加超声波辅助处理，具有缩短提取时间、提高出油效率、减少溶剂用量、保持油脂高营养价值等优点。

3. 水酶法

水酶法的制备工艺较温和，对设备要求低，杜绝了溶剂等有害物质的残留，解决了传统制备工艺中高温和添加化学制剂进行精炼而导致的食品安全问题，满足食用油生产要求。水酶法采用的酶多为纤维素酶、果胶酶、碱性蛋白酶。

阮瑜琳团队、王瑞团队采用水酶法提取文冠果油，对酶的种类、加酶量、料液比、酶解温度、酶解时间等因素进行研究，最佳的工艺条件下出

油率分别为35.41%、65.10%。赵焱团队、邓红团队分别利用超波辅助预处理样品，采用水相酶解法提取文冠果油，结果表明选用碱性蛋白酶能有效促进蛋白质的水解，出油率最高，分别为61.40%、81.20%。因此，利用超声与水酶法相结合可不同程度提高文冠果油的得率。Li等用微波辅助水酶法萃取文冠果油，在不使用有机溶剂、温度保持在60℃下30 min的萃取率为55%；采用普通溶剂萃取、温度保持在90℃下90 min的萃取率也为55%。

采用水酶法萃取文冠果油，无溶剂残留，能耗低，萃取成本远低于溶剂萃取法，且可以有效提高文冠果油的出油率，是提取文冠果油的较好方法。但水酶法酶解时间过长，工艺实际操作难度较大，因此如何降低成本、提高酶效、简化工艺是下一步的研究方向。

4. 超临界CO_2萃取法

超临界CO_2萃取技术是新一代高效分离及分析技术，具有良好的溶剂性质，被广泛地应用于植物油脂的提取。王娅丽团队、麻起团队、王

丽丽团队、陈鸥团队利用超临界 CO_2 萃取技术提取文冠果油，分别研究了萃取压力、温度、萃取时间等因素对文冠果出油率的影响，探索得出各自最佳萃取条件下种仁的出油率分别达到了 44.56%、81.22%、47.94%、31.60%，文冠果油外观品质较好。超临界 CO_2 萃取法的提取效率较高，无溶剂残留毒性，能最大程度地保持提取物的天然特征，但该方法设备操作复杂，运行成本高，目前基本处于实验室优化阶段，工业生产中应用范围较狭窄。

5. 文冠果油中维生素 E 的测定与分析

维生素 E 可降低前列腺癌的发病率，对于糖尿病患者有肾保护作用，由于其抗氧化性，在延缓衰老、预防癌症方面也有重要作用。生育酚是维生素 E 水解产物，有 α、β、γ、δ 共 4 种，是最主要的抗氧化剂之一。此外，生育酚还可促进人体性激素分泌，防治不孕。维生素 E 遇油、酸稳定，文冠果油作为食用油时可保留维生素 E 的价值。

杨克强等人研究发现，每 100 g 文冠果油中维生素 E 的含量为 48.32 mg，高于橄榄油、花生油，低于菜籽油、大豆油和玉米油。其中，α- 生育酚含量为 7.55 mg，β- 生育酚含量为 0.65 mg，高于菜籽油和橄榄油；γ- 生育酚含量为 34.44 mg，高于橄榄油和花生油；δ- 生育酚的含量为 5.68 mg，高于橄榄油和花生油。

6. 冷榨文冠果油食用安全性毒理学评价

范雪层等人以蒸馏水为对照组、文冠果油 3 个剂量组进行的昆明种雌雄小鼠经口灌胃的急性毒性试验表明，供试动物未发现明显中毒症状及死亡，按急性毒性分级标准判定，文冠果油为无毒级别。3 项遗传毒性试验（埃姆斯试验、骨髓细胞微核试验、小鼠精子畸变试验）结果均为阴性。

30 天喂养的亚急性毒性试验结果表明，供试 SD 大鼠未见明显的中毒症状及死亡。各剂量组指标与阴性对照组比较，大鼠体重、食物利用率、血液学及脏体比等指标均在正常范围内，肉眼观察其组织形态无异常现象。

连续灌胃 30 天试验动物血液生化指标中，TP、ALB、ALT、AST、BUN、GLU 与阴性对照组均无显著差异，TC、TG 均在正常参考范围内，各剂量组的 CRE 值均高于参考范围，文冠果油可能对大鼠的肾脏有不良作用，需进一步研究确定。

（二）提高文冠果出油率的措施

文冠果油因其独特的营养价值和保健功能，受到广泛的关注。然而，出油率的高低直接影响到文冠果油的产量。如何提高文冠果油的出油率，成为当前研究的热点问题。

1. 选育优良品种

优良的品种是提高出油率的基础。通过对不同品种的文冠果进行对比分析，筛选出具有高含油量、高油酸、低饱和脂肪酸的优良品种进行种植。同时，加强种质资源保护和利用，促进品种的多样性和遗传改良。

2. 优化种植管理

合理的种植管理措施对于提高文冠果油的出油率具有重要意义。通过精细整地、科学施肥、适时灌溉等措施，可以提高文冠果树的生长质量和种仁的产量。此外，采用病虫害综合防治技术，减少病虫害对文冠果树的危害，也有助于提高出油率。

3. 改进采收与加工技术

采收与加工技术的改进是提高文冠果种仁出油率的又一关键环节。在采收阶段，选择适当的采收方式和时间，避免过度采收或不足。在加工阶段，采用先进的榨油技术和设备，提高榨油效率和出油率。同时，注意控制加工过程中的温度和时间，以保持文冠果油的品质和营养成分。

4. 副产物的综合利用

文冠果油的生产过程中会产生大量的副产物，如果壳、果渣等。这些副产物中含有丰富的营养成分和生物活性物质，可以通过提取、分离等技术进行综合利用。副产物的综合利用不仅可以提高文冠果油的生产效益，还可以减少环境污染。

综上所述，提高文冠果种仁的出油率需要从多个方面入手，包括选育优良品种、优化种植管理、改进采收与加工技术以及综合利用副产物。通过这些措施，可以有效地提高文冠果种仁的出油率，促进相关产业的发展。同时，还需要加强科研投入和技术创新，不断探索提高文冠果种仁出油率的新工艺、新方法，以适应市场需求的变化和产业发展的需要。

第3节 文冠果饼干

一、原料

文冠果油、文冠果茶、玉米油、低筋面粉、木糖醇、小苏打、鸡蛋、盐。

二、制作方法

（一）流程

将文冠果茶粉、木糖醇、小苏打、盐、低筋面粉、文冠果油、玉米油、鸡蛋液混合搅拌均匀，调制面团，压制成型后烘烤，冷却后得到成品。

（二）操作要点

1. 原辅料预处理

将文冠果茶用超微粉碎机粉碎，过 200 目筛；将低筋面粉、木糖醇、盐、小苏打混合过 60 目筛，备用。

2. 辅料预混

将鸡蛋、文冠果油、玉米油搅拌均匀，备用；将文冠果茶粉、木糖醇、小苏打、盐按配方混匀。

3. 调制面团

将过筛的低筋面粉混到预混的辅料中，搅拌均匀，和面成团。不要过度搅拌，防止面团起筋。

4. 压制成型

将面团擀成 4 mm 厚的均匀薄片，印模成型，置于烤盘。

5. 烘烤、冷却、得到成品

烤箱预热，烘烤温度分别设置为上火 160℃、下火 130℃。烤箱达到设置温度时，将饼干放入烤箱中烘烤 19 min 后取出，冷却后即为成品（图 8–3）。

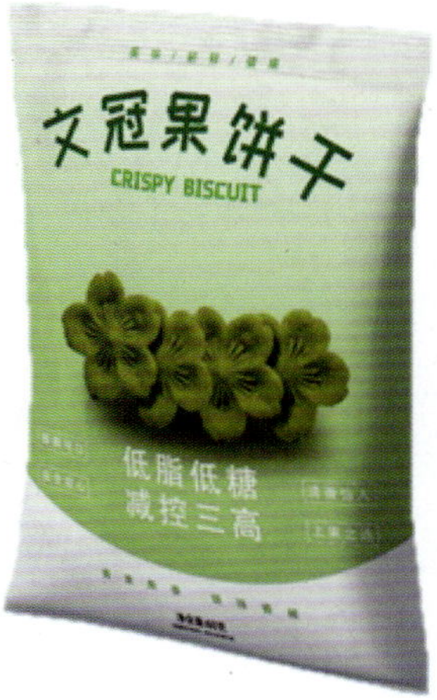

图 8–3　文冠果饼干

三、试验内容及方法

（一）单因素试验

以低筋面粉添加量 100% 为基准，鸡蛋液添加量 35%，盐添加量 0.7%，小苏打添加量 0.6%，油总添加量 40%（文冠果油与玉米油质量比分别为 5∶5、6∶4、7∶3、8∶2、9∶1），文冠果茶粉添加量分别为 1%、2%、3%、4%、5%），烘烤时间分别为 15 min、17 min、19 min、21 min、23 min，木糖醇添加量分别为 30%、35%、40%、45%、50%，考察这些因素各自对文冠果饼干感官品质的影响。

（二）正交试验

在单因素试验结果的基础上，通过正交试验优化文冠果饼干的工艺条件，选取文冠果油与玉米油质量比（A）、文冠果茶粉添加量（B）、烘烤时间（C）、木糖醇添加量（D）这 4 个因素进行 L9（34）正交试验，以感官评分为指标，确定文冠果饼干的最优工艺。正交试验因素水平见表 8-1。

表 8-1　文冠果饼干正交试验因素水平

水平	因素			
	A	B/%	C/min	D/%
1	9 ∶ 1	2	19	35
2	8 ∶ 2	3	21	40
3	7 ∶ 3	4	23	45

（三）文冠果饼干感官评分标准

随机抽取经过感官评分鉴定培训的感官评定人员 60 人，分成 3 组，从饼干的口感气味、色泽、结构、外形 4 个方面对文冠果饼干进行感官评定，参照王超团队、周昀、李慧团队的研究确定感官评分标准。确定的文冠果饼干感官评价标准见表 8-2。

表 8-2　文冠果饼干感官评价标准

项目	分数	评价标准
口感气味（25 分）	25 ~ 19	饼干口感酥松、香味浓郁，有文冠果特有清香味，甜度适中不油腻
	18 ~ 10	饼干酥感不足、香味偏淡，味道微苦且略油腻，有轻微煳味
	9 ~ 0	饼干过硬，有煳味，苦味严重，过于油腻
色泽（25 分）	25 ~ 19	饼干色泽分布均匀，上表面呈绿色，下表面微黄色，无过白、过焦现象
	18 ~ 10	色泽分布略不均匀，出现轻微过焦现象
	9 ~ 0	颜色分布不均匀，焦煳现象严重
结构（25 分）	25 ~ 19	气孔细密均匀，层次清晰
	18 ~ 10	组织粗糙，气孔大小略不均匀
	9 ~ 0	有大孔洞，结构不均匀细密，质地僵硬
外形（25 分）	25 ~ 19	外形完整无破损，不变形，表面无裂纹
	18 ~ 10	外形略不完整，略有变形，表面略有裂纹
	9 ~ 0	外形很不完整，严重收缩变形，表面裂纹较多

（四）文冠果饼干品质分析

1. 理化品质分析

水分含量参照《食品安全国家标准　食品中水分的测定》（GB 5009.3—2016）中的直接干燥法进行测定；灰分含量参照 GB 5009.4—2016《食品安全国家标准　食品中灰分的测定》中的第一法进行测定；蛋白质含量参照《食品安全国家标准　食品中蛋白质的测定》（GB 5009.5—2016）中的凯氏定氮法进行测定；脂肪含量参照《食品安全国家标准　食品中脂肪的测定》（GB 5009.6—2016）中的索氏提取法进行测定。试验重复测定 3

次，取平均值。

2. 质构分析

通过质构仪测定文冠果饼干的脆性和硬度，测定条件为：采用 M3PB 测试探头、测前速度 2.5 mm/s、测试速度 2.0 mm/s、测后速度 10.0 mm/s、应变位移 15 mm、触发力 0.196 N、每秒脉冲数（pps）200、探头返回距离 20 mm、返回速度 20 mm/s、接触力设置 0.196 N。

3. 挥发性风味物质分析

（1）测定方法：设置 CK 组、S 组、CY 组，分析文冠果油及文冠果茶粉对饼干风味的影响。CK 组配方为油添加量 40%（其中玉米油 40%），文冠果茶粉添加量 0%。S 组配方为油添加量 40%（文冠果油与玉米油质量比为 8∶2），文冠果茶粉添加量 0%。CY 组配方为油添加量 40%（文冠果油与玉米油质量比为 8∶2），文冠果茶粉添加量 3%。各组试验中低筋面粉、木糖醇、鸡蛋液、盐、小苏打的添加量及烘烤工艺参数均相同。采用真空进样法，以 Flavour Spec 风味分析仪测定其挥发性成分，每个样品称取 2 g，重复测定 3 次，取平均值。

（2）测定条件：气相－离子迁移谱（Gas Chromatography−Ion Mobility Spectrometry，GC−IMS）联用技术分析条件为：色谱柱 MXT−5（15 m × 0.53 mm，1 μm）、柱温 60℃、探测器温度 45℃、载气 N2（纯度 99.99%）、自动顶空进样、进样体积 500 μL、孵育时间 15 min、孵育温度 60℃、进样针温度 85℃、孵化转速 500 r/min、分析时间 20 min；流速：初始 2 mL/min，保持 2 min 后，在 20 min 内增至 100 mL/min；漂移气流量 150 mL/min。

（3）数据处理：单因素及正交试验均采用 SPSS Statistics20.0 软件对试验数据进行分析，图形用 Origin2021 软件绘制，挥发性风味物质分析利用 FlavourSpec 风味分析仪自带的软件 VOCal 及插件，VOCal 用于分析谱图和数据的定性、定量，GalleryPlot 插件为指纹图谱对比，DynamicPCA 插件用于主成分分析、聚类分析。

四、结果与讨论

（一）单因素试验结果与分析

1. 文冠果油与玉米油质量比对文冠果饼干感官品质的影响

在饼干制作过程中，混合油的质量对面团状态、饼干品质以及酥性都有一定的影响。文冠果油与玉米油质量比对文冠果饼干感官品质的影响如图 8-4 所示。

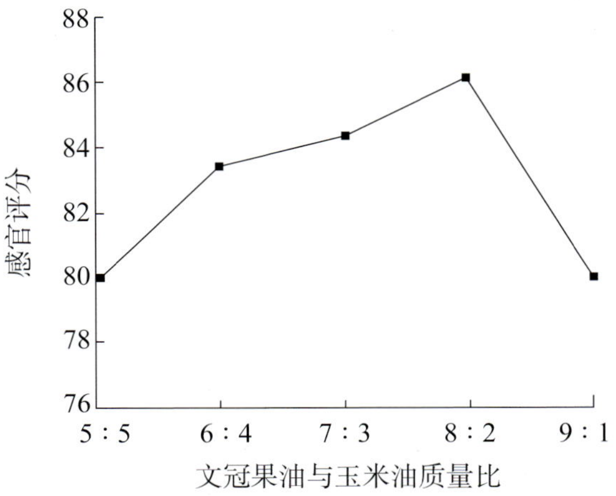

图 8-4　文冠果油与玉米油质量比对饼干感官品质的影响

由图 8-4 可知，在总用油量不变的情况下，随着文冠果油与玉米油质量比的增大，感官评分呈先升高后降低的趋势。当文冠果油添加较少时，饼干的香气寡淡；较多时，香气过于浓郁，反而导致饼干品质下降。此外，由于文冠果油自身性质，添加过多会导致面团过黏，不利于饼干的制作成型。当文冠果油与玉米油质量比为 8：2 时，饼干的文冠果油香气浓郁、口感酥脆，制作时面团的状态良好，感官品质最佳。

2. 文冠果茶粉添加量对文冠果饼干感官品质的影响

在饼干制作过程中，文冠果茶粉添加量对饼干的味道、香气以及色泽有一定的影响。文冠果茶粉添加量对文冠果饼干感官品质的影响如图 8-5 所示。

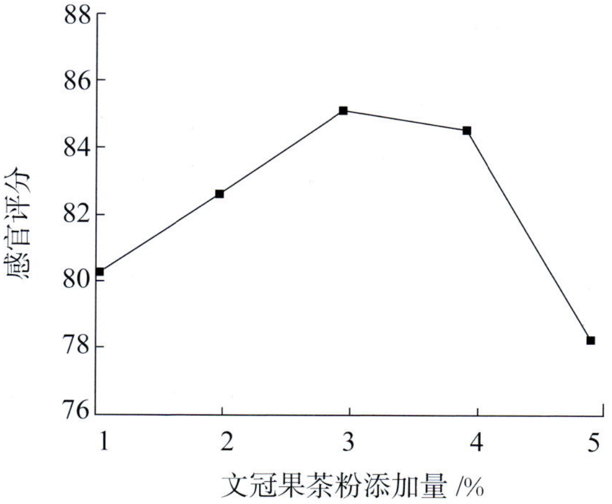

图 8-5　文冠果茶粉添加量对饼干感官品质的影响

由图 8-5 可知，随着文冠果茶粉添加量的增加，饼干感官评分呈先升高后降低的趋势。文冠果茶粉添加量较少时，饼干中文冠果茶粉的香气淡，饼干颜色过浅；文冠果茶粉添加量较多时，饼干苦涩味重，且饼干颜色较深，品质下降。文冠果茶粉添加量为 3% 时，饼干茶香浓郁，颜色均匀，感官品质最佳。

3. 烘烤时间对文冠果饼干感官品质的影响

烘烤时间对文冠果饼干感官品质的影响如图 8-6 所示。

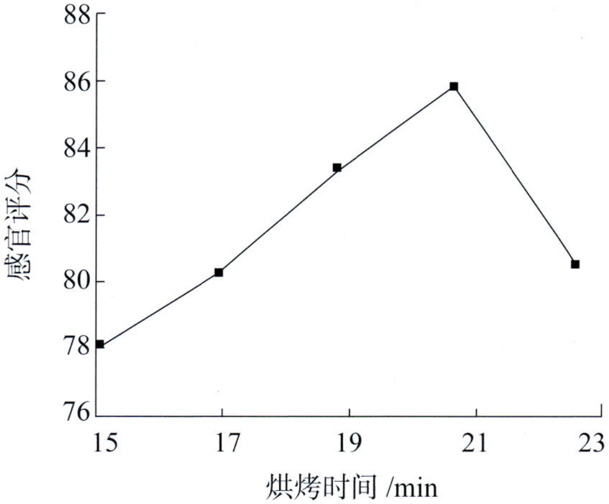

图 8-6　烘烤时间对饼干感官品质的影响

由图 8-6 可知，随着饼干烘烤时间的延长，感官评分呈先升高后降低的趋势。烘烤时间大于 21 min 时，饼干颜色深且有焦煳味，饼干品质下降快。烘烤时间较短时，饼干色泽较淡、口感较黏、香味不足、夹生。烘烤时间为 21 min 时，饼干酥脆、香气浓郁、颜色均匀，感官品质最佳。

4. 木糖醇添加量对文冠果饼干感官品质的影响

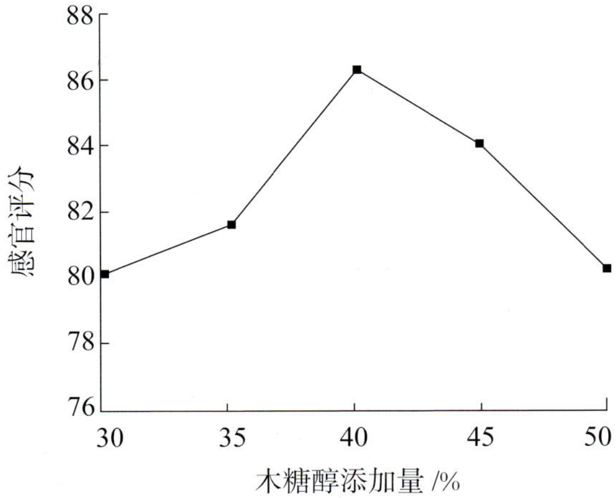

图 8-7　木糖醇添加量对饼干感官品质的影响

在饼干制作过程中，木糖醇会增加饼干的甜度，缓解文冠果茶粉带来的苦涩味。木糖醇添加量对饼干感官品质的影响如图 8-7 所示。由图 8-7 可知，随着木糖醇添加量的增加，感官评分呈先升高后降低的趋势。木糖醇添加量低于 40% 时，饼干甜味不足，苦涩味较重；木糖醇添加量高于 40% 时，饼干过于甜腻，内部湿度过大，口感不酥脆。木糖醇添加量为 40% 时，饼干组织结构细腻、甜度适中、口感酥脆、香气浓郁，感官品质最佳。

5. 正交试验结果与分析

正交试验结果与分析见表 8-3。

表 8-3 正交试验结果

试验序号	A	B/%	C/min	D/%	感官评分
1	1	1	1	1	83.2
2	1	2	2	2	85.4
3	1	3	3	3	81.3
4	2	1	2	3	85.6
5	2	2	3	1	89.5
6	2	3	1	2	92.3
7	3	1	3	2	84.3
8	3	2	1	3	86.9
9	3	3	2	1	83.1
K1	249.9	253.1	262.4	255.8	
K2	267.4	261.8	254.1	262.0	
K3	254.3	256.7	255.1	253.8	
k1	83.3	84.4	87.5	85.3	
k2	89.1	87.3	84.7	87.3	
k3	84.8	85.6	85.0	84.6	
R	5.8	2.9	2.8	2.7	

由表 8-3 可知，对文冠果饼干的感官品质影响的主次顺序为 A > B > C > D，即文冠果油与玉米油质量比 > 文冠果茶粉添加量 > 烘烤时间 > 木糖醇添加量。文冠果饼干最佳工艺条件为 A2B2C1D2，与感官评分最高的正交组合 A2B3C1D2 结果不相符，因此需要进行验证试验。按照这两种工艺条件制备文冠果饼干，并对其进行感官评价，试验重复 3 次，结果取平均值，得出配方 A2B2C1D2 制作的饼干感官评分为 93.4，A2B3C1D2 的感官评分为 92.3。因此，文冠果饼干的最佳配方为 A2B2C1D2，即文冠果油与玉米油质量比 8∶2，文冠果茶粉添加量 3%，烘烤时间 19 min，木糖醇添加量 40%。

（二）文冠果饼干理化及质构分析

1. 文冠果饼干的理化品质分析结果

按照最佳配方制作出的文冠果饼干水分含量为 3.2%、灰分含量为 0.86%、脂肪含量为 19.14%、蛋白质含量为 7.31%。

2. 质构分析

文冠果饼干的硬度为 1 090.17 g、脆性为 5.734 mm。结合感官评价结果可以看出，按照最佳配方制作出的文冠果饼干软硬适中，口感酥脆。

（三）文冠果饼干挥发性风味物质分析

1. 挥发性成分气相离子迁移谱图分析

使用 GC-IMS 仪器 LAV 分析软件分析发现，文冠果饼干中含有 51 种挥发性物质，其中未知成分 16 种、醇类 7 种、酮类 10 种、酯类 4 种、醛类 11 种、杂环类 3 种，挥发成分、种类及相对含量见表 8-4。

表 8-4　挥发成分、种类及相对含量

编号	类别	挥发物名称	CAS 号	峰体积			气味
				CK	CY	S	
	未定性	未定性合计		864.604 60	2 151.365 000	1 049.098 00	/
1		1#	—	103.206 50	68.179 05	128.316 20	/

（续表）

编号	类别	挥发物名称	CAS 号	峰体积			气味
				CK	CY	S	
2		2#	—	9.020 57	68.782 11	15.304 08	/
3		3#	—	21.443 69	55.492 48	27.325 15	/
4		4#	—	65.071 68	98.736 41	74.714 36	/
5		5#	—	21.399 26	21.444 75	23.898 27	/
6		6#	—	13.346 76	95.596 25	15.625 71	/
7		7#	—	104.251 80	122.374 40	137.054 30	/
8		8#	—	16.680 54	86.403 23	25.141 43	/
9		9#	—	14.053 51	56.380 15	18.892 84	/
10		10#	—	135.739 20	49.236 48	120.952 50	/
11		11#	—	33.038 39	15.790 76	29.819 94	/
12		12#	—	58.645 34	92.485 71	117.052 60	/
13		13#	—	28.611 69	67.439 50	33.137 85	/
14		14#	—	149.062 70	100 9.853 00	156.952 20	/
15		15#	—	79.530 41	180.998 60	109.841 30	/
16		16#	—	11.502 66	62.171 68	15.069 20	/
	醇类	醇类合计		5 968.045 00	4 768.323 00	6 853.996 00	
17		1-辛烯-3-醇	3391-86-4	77.775 17	358.286 80	128.661 10	蘑菇、薰衣草、玫瑰和干草香气
18		己醇	111-27-3	138.455 10	221.975 20	152.264 20	水果芬芳香气
19		反式-2-己烯醇	928-95-0	124.275 70	591.312 90	126.231 90	强烈的清香香气，并伴有果香、蔬菜香和草香
20		戊醇	71-41-0	606.782 00	769.447 40	1 006.199 00	略有气味

（续表）

编号	类别	挥发物名称	CAS 号	峰体积			气味
				CK	CY	S	
21		1-戊烯-3-醇	616-25-1	21.583 35	51.764 07	19.471 57	水果香味
22		异丙醇	67-63-0	323.131 30	378.822 70	254.072 00	似乙醇和丙酮混合物的气味，气味不大
23		乙醇	64-17-5	4 676.042 00	2 396.714 00	5 167.096 00	芳香气味
	醛类	醛类合计		17 461.740 00	24 424.620 00	19 794.400 00	
24		壬醛	124-19-6	220.832 60	287.707 10	296.215 60	玫瑰、柑橘等香气
25		反式-2-庚烯醛	18829-55-5	336.325 70	6 232.198 00	408.967 40	青草香气
26		辛醛	124-13-0	60.267 27	146.304 40	134.381 70	水果香味
27		庚醛	117-71-7	561.350 10	684.482 00	582.603 30	水果香味
28		糠醛	98-01-1	74.018 19	144.603 10	93.030 58	似杏仁、香蕉糊气味
29		己醛	66-25-1	5 732.056 00	7 773.889 00	7 345.410 00	青草气及苹果香味
30		反式-2-戊烯醛	1576-87-0	49.394 13	335.553 40	55.859 61	特殊性水果香气
31		戊醛	110-62-3	2 505.604 00	4 187.092 00	2 627.573 00	/
32		2-甲基丁醛	96-17-3	3 641.245 00	2 307.344 00	3 930.007 00	咖啡和可可香气，微带甜的水果和巧克力似风味
33		3-甲基丁醛 3-	590-86-3	4 280.651 00	2 325.443 00	4 320.356 00	苹果香味
34		丁醛	123-72-8	551.939 10	683.743 50	474.662 30	飘逸的清香

（续表）

编号	类别	挥发物名称	CAS 号	峰体积			气味
				CK	CY	S	
	酮类	酮类合计		4 422.615 00	6 382.513 00	4 806.937 00	/
35		1- 辛烯 -3- 酮	4312-99-6	31.510 63	184.018 10	18.193 49	清新泥土、蘑菇、蔬菜的香气
36		2- 庚酮	110-45-0	627.185 70	399.801 90	652.713 30	类似梨的水果香味
37		环己酮	108-94-1	29.144 93	92.159 84	28.807 42	泥土气息
38		2- 己酮	591-78-6	94.019 82	80.261 49	75.374 56	酒精味道
39		甲基异丁基酮	108-10-1	173.702 60	189.130 40	202.714 20	令人愉快气味
40		2,3- 丁二酮	431-03-8	135.679 90	185.849 60	115.597 90	奶油香味、发酵香味、乳脂香味、甜香味等
41		丙酮	67-64-1	3 251.214 00	5 050.966 00	3 635.150 00	微香气味
42		甲基庚烯酮	110-93-0	24.970 03	64.741 58	20.612 10	甜香、果香
43		环己烯 -2- 酮	930-68-7	13.996 38	56.171 72	13.686 38	/
44		2（3H）-二氢呋喃酮	96-48-0	41.191 40	79.411 91	44.087 16	/
	酯类	酯类合计		1 509.775 00	3 925.151 00	1 709.662 00	
45		乙酸乙酯	141-78-6	1 441.362 00	3 698.226 00	1 631.073 00	香蕉 - 苹果香
46		乙酸甲酯	79-20-9	13.800 65	53.387 05	17.569 27	芬芳的水果味
47		己酸乙酯	123-66-0	50.118 86	140.082 30	54.455 64	曲香、菠萝香型的香气

（续表）

编号	类别	挥发物名称	CAS 号	峰体积			气味
				CK	CY	S	
48		乙酸异丙酯	108-21-4	4.493 357	33.455 25	6.563 877	呈水果香气
	其他	其他合计	118-71-8	195.226 70	4 995.552 00	247.949 30	/
49		麦芽酚		26.619 46	93.696 06	25.766 71	焦奶油硬糖的特殊香气，草莓样芳香味道
50		丙酸	79-09-4	83.200 63	141.778 30	138.217 00	/
51		龙脑	507-70-0	85.406 58	4 760.077 00	83.965 58	清香气味

注：1#~16# 代表未知成分代号；- 表示 CAS 号未知；/ 表示气味不明确或暂不能描述。

2. 挥发性成分气相离子迁移指纹图谱分析

借助 Gallery Plot 插件来绘制挥发性成分的指纹谱图，直观且定量地比较不同样品之间的挥发性成分差异（图 8-8）。

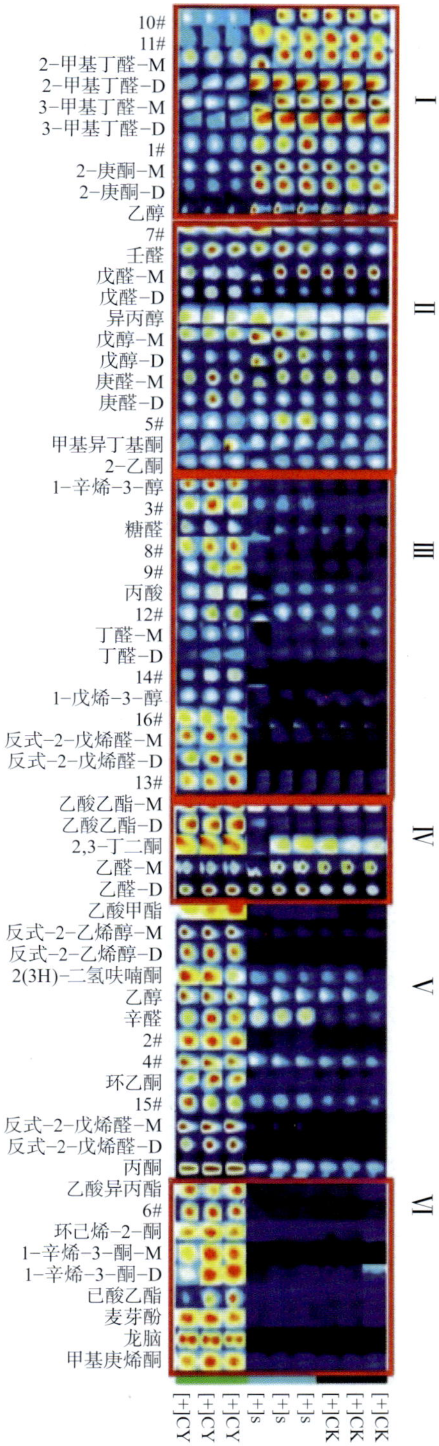

图 8-8 气相离子迁移指纹图谱

由图 8-8 可知，添加文冠果茶粉与未添加文冠果茶粉的饼干挥发性成分差异明显，且添加文冠果茶粉的饼干挥发性成分总体含量明显高于未添加组。饼干间的挥发性成分分布不同，各自有特征峰区域，但也存在共同区域。添加文冠果茶粉的饼干特征性物质主要集中在Ⅲ、Ⅳ、Ⅴ区和Ⅵ区，包括 1- 辛烯 -3- 醇、糠醛、丙酸、丁醛、1- 戊烯 -3- 醇、反式 -2- 戊烯醛、乙酸乙酯、2,3- 丁二酮、己醛、乙酸甲酯、反式 -2- 己烯醇、2（3H）- 二氢呋喃酮、己醇、辛醛、环己酮、反式 -2- 庚烯醛、丙酮、乙酸异丙酯、环己烯 -2- 酮、1- 辛烯 -3- 酮、乙酸乙酯、麦芽酚、龙脑、甲基庚烯酮和 11 种未知成分。未添加文冠果茶粉的饼干特征性物质主要集中在Ⅰ、Ⅱ区，包括 2- 庚酮，2- 甲基丁醛、3- 甲基丁醛等物质。不同饼干所含挥发性成分的种类和含量差异较大。

3. 挥发性物质主成分分析

用 LAV 软件中的 Dynamic PCA 插件进行主成分分析（PCA），结果如图 8-9 所示。

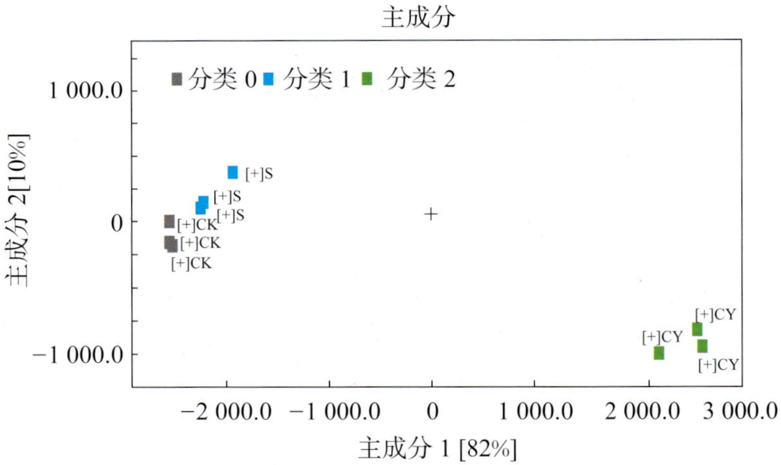

图 8-9　挥发性物质主成分分析

由图 8-9 可知，第 1 主成分 PC1 贡献率为 82%，第 2 主成分 PC2 贡献率为 10%，PC1、PC2 的总贡献率为 92%，表明包含了文冠果饼干的大部分信息，较好地反映了不同样品之间挥发性成分差异的影响因素。基于挥发性成分不同，PCA 可将添加文冠果茶粉的饼干与不添加文冠果茶粉的饼干明显区分，表明文冠果茶粉使其挥发性成分发生了很大的变化，文冠果油与玉米油对饼干风味虽然也存在差异，但两者的风味相近。

4. 各组配方差异对饼干挥发性风味影响分析

（1）文冠果油与玉米油对饼干风味的影响：采用优化后的工艺，对比分析文冠果油与玉米油对饼干挥发性成分和含量差异，结果如图 8-10 所示。

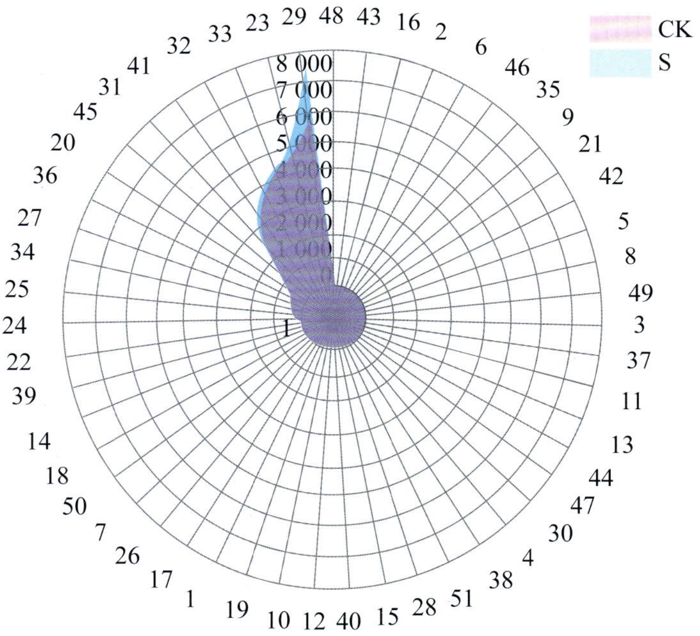

图 8-10　文冠果油与玉米油对饼干风味的影响

由表 8-4 和图 8-10 可知，添加玉米油（CK）与添加文冠果油（S）的两组饼干挥发性成分的种类整体未发生变化，但添加文冠果油的饼干 51 种挥发性成分中有 38 种含量有所增加，增加幅度 0.93% ~ 122.98%，其中增加幅度超过 50% 的挥发性成分共计 7 种，分别为辛醛（含量增加 1.2

倍）、12#（增加接近 1 倍）、2#、8#、丙酸、戊醇、1- 辛烯 -3- 醇；13 种物质挥发性成分略微下降，减少幅度在 1.16% ~ 42.26%，总体风味上有一定差异。

（2）文冠果茶粉对饼干风味的影响：采用优化后的工艺，对比分析添加文冠果茶粉（CY）对饼干挥发性成分和含量的差异，结果如图 8-11 所示。

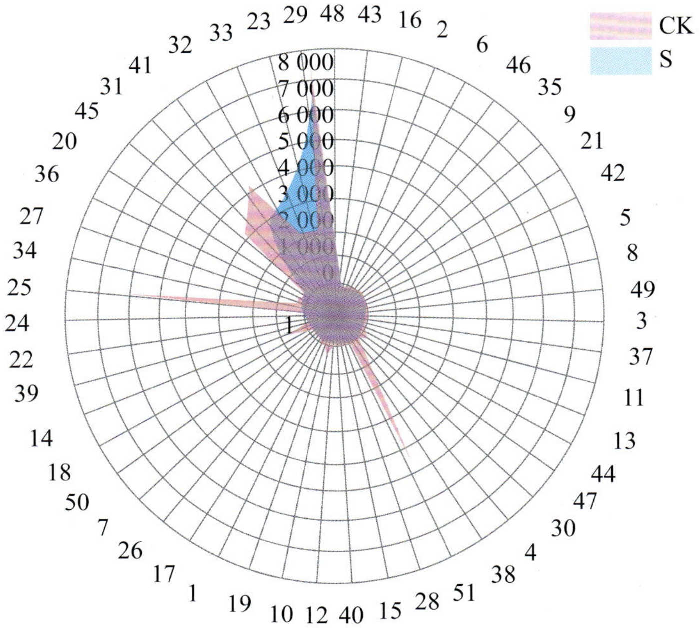

图 8-11　文冠果茶粉对饼干风味的影响

结合表 8-4 和图 8-11 可知，添加文冠果茶粉对饼干风味的影响较大，其中 51 种挥发性成分中有 38 种挥发性成分的含量有所增加，增加幅度 2.58% ~ 5 669.08%，增加幅度超过 50% 的挥发性成分共计 28 种。醛类增加 23.39%，其中反式 -2- 庚烯醛增加 14.24 倍；酮类增加 32.34%，其中 1- 辛烯 -3- 酮增加 9.11 倍；酯类增加 128.34%，其中乙酸异丙酯增加 4.10 倍；其他杂环类物质增加 1 914.75%，其中龙脑增加 55.69 倍。未定性成分增加 105.07%，14# 物质增加量最多，其次为 6#，是 S 组含量的 5

倍多。醇类总体减少为 S 组的 30.43%，但反式 -2- 己烯醇增加为 S 组的 3.68 倍。13 种物质挥发性成分略微下降，减少幅度在 2.87% ~ 59.29%，总体风味上差异较大。

（3）文冠果油复合文冠果茶粉对饼干风味的影响：对比分析同时添加文冠果油和文冠果茶粉（CY）与添加玉米油（CK）对饼干挥发物成分和含量的差异，结果如图 8-12 所示。

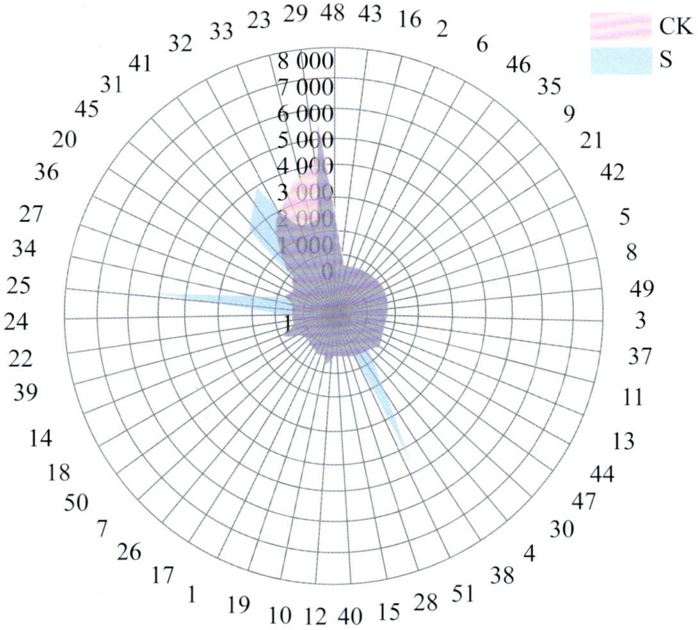

图 8-12 文冠果油复合文冠果茶粉对饼干风味的影响

由图 8-12 可知，文冠果油复合文冠果茶粉与只添加文冠果茶粉的表现趋势相同，部分挥发性成分有所增加，挥发性成分增加较多的是龙脑、反式 -2- 己烯醇、反式 -2- 庚烯醛、己醛、戊醛、乙酸乙酯、丙酮、14# 等成分，说明风味的变化主要来自文冠果茶粉，并且反式 -2- 己烯醇具有青草香气，伴有果香和蔬菜香，反式 -2- 庚烯醛具有青草香气，己醛具有青草及苹果香气，乙酸乙酯具有似香蕉和苹果的香味。文冠果茶粉中特有的挥发性成分赋予文冠果饼干特有的香气，使其风味更加独特、丰富。而添加了文冠果油的饼干相较于添加玉米油的饼干中挥发性成分保留率略高，复配茶粉后，饼干保留更多的挥发性成分，使其挥发性物质含量更高，气味饱满。

五、结论

以感官评分为指标，进行单因素试验、正交试验及验证试验，研究文冠果油与玉米油质量比、文冠果茶粉添加量、烘烤时间、木糖醇添加量对饼干感官品质的影响，得到饼干的最佳制备工艺为：低筋面粉添加量100%、鸡蛋液添加量35%、盐添加量0.7%、小苏打添加量0.6%、油添加量40%（文冠果油与玉米油质量比为8∶2）、文冠果茶粉添加量3%、木糖醇添加量40%、烤箱上火160℃、烤箱下火130℃、烘烤时间19 min。

此外，对饼干进行品质分析，水分、灰分、脂肪、蛋白质含量分别为3.2%、0.86%、19.14%、7.31%，硬度为1 090.17 g，脆性为5.734 mm。经过挥发性成分分析可知，文冠果油与玉米油相比，对饼干的风味影响差异不明显，但油脂的功效成分增加；文冠果茶粉的添加对饼干挥发性风味物质影响较大，酯类及不饱和醛类等挥发性风味物质水平明显升高，赋予文冠果饼干特有的香气。在最佳工艺条件下制作出的文冠果饼干口感俱佳，营养价值高，文冠果的香气浓郁，为文冠果的开发利用提供新思路。

第4节　文冠果籽粕蛋白

一、概述

文冠果籽粕是文冠果种仁加工制油后得到的副产物，含有丰富的蛋白质，研究发现其营养价值和消化吸收率高于大豆蛋白和葵花蛋白，接近于酪蛋白，是一种利用率较高的优质蛋白，具有良好的开发利用价值。但目前文冠果籽粕利用率不高，主要用于饲料或直接丢弃，潜在价值尚未得到充分开发，综合利用水平和经济效益低下。文冠果籽粕高值化深加工和综合性研究对于缓解文冠果资源浪费、增加产品附加值具有重要意义。

二、试验方法

（一）文冠果酶解液的制备

选取文冠果籽粕为原料，文冠果籽粕与正己烷按照 1∶3（g/mL）进行脱脂处理，用振动式超细破碎机超微粉碎籽粕得到文冠果籽粕粉，过 300 目筛。利用超声清洗仪在温度 37℃、超声波功率 300 W，超声时间 20 min，选用 Arazyme 高效蛋白酶在料液比 1∶12（g/mL）、高效蛋白酶添加量 0.15%、酶解温度 37℃，酶解时间 6 h 和 pH8.5 条件下对文冠果籽粕粉进行酶解。酶解结束后迅速置于 80℃水浴中加热 15 min 进行灭酶得到酶解液，酶解液进行超滤，截留分子量小于 3kDa 的组分，经 −80℃冷冻干燥后得到酶解物，配置成不同浓度（分别为 2.5、5.0、7.5、10.0、12.5、15.0、17.5 mg/mL）的文冠果籽粕酶解液。

（二）单因素试验

以不同的超声时间（分别为 10 min、15 min、20 min、25 min、30 min）、酶添加量（分别为 0.05%、0.1%、0.15%、0.2%、0.25%）、超声功率（分别为 100 W、200 W、300 W、400 W、500 W）进行单因素试验，考察不同因素对文冠果籽粕酶解液水解度的影响。

（三）响应面试验设计

根据响应面分析法中 Box−Benhnken 的中心组合试验设计，以超声时间、酶添加量、超声功率为试验因素，以水解度为响应值，设计响应面试验。

（四）蛋白质水解度（Degreeofhydrolysis，DH）测定方法

采用茚三酮比色法测定。取 1 mL 标准溶液于比色管中，再依次加入 1 mL 缓冲液、1 mL 茚三酮溶液、2 mL 蒸馏水，封好摇匀后放入沸水浴中加热 15 min，取出放至冷水中冷却 15 min。结束后，向每支比色管中分别加入 5 mL 碘酸钾溶液摇匀，于波长 568 nm 处测定吸光度。

三、结果与讨论

（一）酶解条件单因素试验结果

1. 超声时间对蛋白质水解度的影响

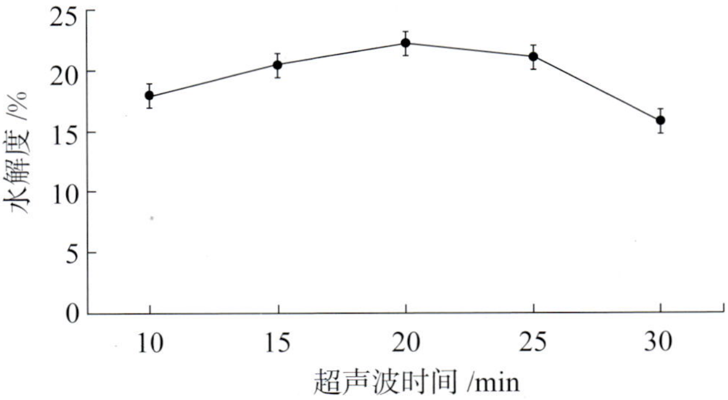

图 8-13　超声时间对蛋白质水解度的影响

超声时间对蛋白质水解度的影响如图 8–13 所示。由图 8–13 可知，随着超声时间不断增加，蛋白质的水解度不断升高，当超声波时间超过 20 min 后，蛋白质的水解度逐渐下降。可能是因为超声波的机械和空切等作用，使文冠果蛋白质的结构逐渐被破坏，更多的酶结合位点暴露出来，但是当超声波时间过长，结合位点和酶的结构也会被逐渐破坏，底物浓度不断减少，而产物浓度逐渐增高，导致两者之间逐渐处于不平衡状态，从而影响蛋白质水解。因此选择最佳超声时间为 20 min。

2. 酶添加量对蛋白质水解度的影响

酶添加量对蛋白质水解度的影响曲线如图 8–14 所示。由图 8–14 可知，随着酶添加量的增加，蛋白质水解度呈现先上升后下降最后逐渐趋于稳定的趋势。当酶添加量为 0.05% 时，酶含量过低，无法完全酶解文冠果籽粕粉，随着酶添加量的增加，蛋白质水解度也不断增大，在酶添加量达到 0.15% 时，水解最彻底；酶添加量超过 0.15%，水解度反而逐渐降低趋于平稳，这是因为底物与酶反应达到饱和状态，多余的高效蛋白酶无法发挥其作用。因此，最适酶添加量为 0.15%。

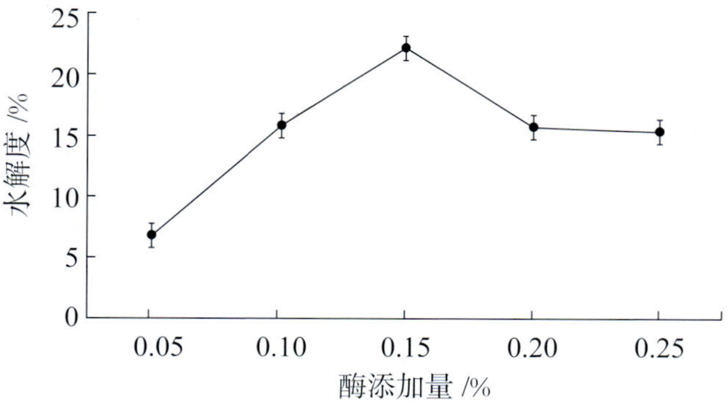

图 8-14　酶添加量对蛋白质水解度的影响

3. 超声功率对蛋白质水解度的影响

超声功率对蛋白质水解度的影响曲线如图 8-15 所示。由图 8-15 可知，随着超声功率的不断增加，蛋白质的水解度也不断升高，超声功率超过 300 W 后蛋白质的水解度开始下降。主要原因是随着超声功率的加大，增大了超声波的空化及机械搅拌作用，增加了液体流动性，蛋白酶能更好地与底物接触，促进酶解物的溶出，利于提高提取率，但随着超声功率的增加，容易造成内部环境局部过热，使酶无法与底物充分接触，从而降低蛋白质的水解度。因此，最佳超声功率为 300 W。

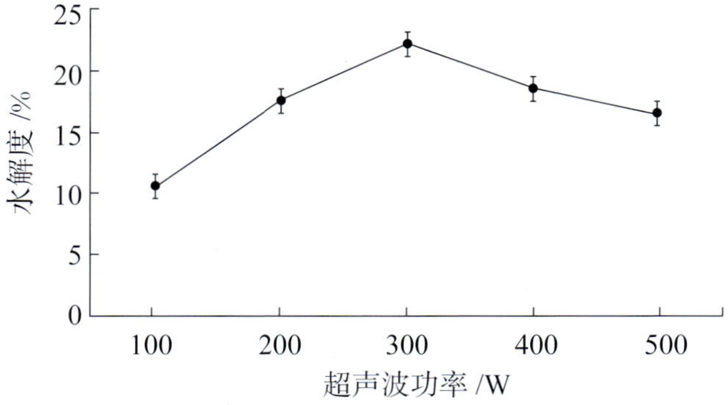

图 8-15　超声功率对蛋白质水解度的影响

（二）酶解条件响应面试验结果分析

1. 回归模型的建立及其显著性检验

综合单因素试验结果，并由 SPSS Statistics26 软件进行分析可得，超声时间、酶添加量和超声功率对水解度影响均显著（$P < 0.05$），因此以水解度为响应值，分析超声时间、酶添加量、超声功率对响应值的影响，设计三因素三水平共 17 个试验点的响应面试验，试验结果见表 8–5。

表 8–5　酶解条件响应面试验设计及结果

试验号	A 超声时间 /min	B 酶添加量 /%	C 超声功率 /W	水解度 /%
1	−1（15）	−1（0.1）	0（300）	18.90
2	1（25）	−1	0	18.70
3	−1	1（0.2）	0	18.80
4	1	1	0	18.60
5	−1	0（0.15）	−1（200）	17.30
6	1	0	−1	17.10
7	−1	0	1（400）	16.90
8	1	0	1	16.80
9	0（20）	−1	−1	17.20
10	0	1	−1	16.90
11	0	−1	1	17.10
12	0	1	1	16.60
13	0	0	0	22.57
14	0	0	0	22.17
15	0	0	0	22.35
16	0	0	0	22.19
17	0	0	0	22.22

根据响应面试验设计测得的结果，使用 Design−Expert13 软件对试验数据进行多项式回归拟合，并进一步研究和优化影响稳定系数的因素，做响应面图。多元回归拟合得到稳定系数与各因素的二次方程模型为：$Y = 22.30-0.0875A-0.1250B-0.1375C+0.0250AC-0.0500BC-1.74A2-1.81B2-3.54C2$。

表 8-6　回归模型水解度方差分析

方差来源	自由度	平方和	均方	*F* 值	*P* 值	显著性
模型	9	87.44	9.72	404.10	< 0.000 1	**
A 超声时间	1	0.06	0.06	2.55	0.2	
B 酶添加量	1	0.13	0.13	5.20	0.06	
C 超声功率	1	0.15	0.15	6.29	0.04	*
AB	1	0	0	0	1	
AC	1	0.003	0.003	0.10	0.76	
BC	1	0.01	0.01	0.42	0.54	
A2	1	12.71	12.71	528.69	< 0.000 1	**
B2	1	13.83	13.83	575.32	< 0.000 1	**
C2	1	52.69	52.69	2 191.51	< 0.000 1	**
残差	7	0.17	0.02			
失拟项	3	0.06	0.02	0.69	0.60	
纯误差	4	0.11	0.03			
总和	16	87.61				

注：* 表示差异显著（$P<0.05$），** 表示差异极显著（$P<0.01$）。

由表 8-6 方差分析结果表明，模型 F 值为 404.10，建立的回归模型对水解度达显著水平（$P < 0.01$），表明该回归方程模型显著，说明了方程有意义；方程式拟项 $P = 0.60$ 差异性均不显著（$P > 0.05$），说明回归方程对试验的拟合情况误差不大，能很好地表现出各影响因素和响应值之间的联系，并能够较好地预测试验值。模型判定系数 R2 = 0.987 5，表明试验值与预测值有很好的相关性；R2Adj = 0.995 6，表明模型可以解释 99.56% 的响应值变化。说明该模型可用于分析和预测超声波辅助酶解文冠果籽粕的水解度。其中，C 对文冠果籽粕酶解液水解度有显著影响（$P < 0.05$），A2.B2.C2 影响极显著（$P < 0.01$），其他影响不显著，3 个因素对水解度影响大小依次为超声功率、酶添加量、超声时间。

2. 水解条件响应面试验交互作用结果分析

因素的交互作用对文冠果籽粕酶解液水解度的影响如图 8-27 所示。由图 8-16 可直观看出各因素对文冠果籽粕酶解液水解度的影响，其中 C 的影响较显著，表现为曲线相对较陡，对文冠果籽粕的水解度影响较大，A、B 的影响较不显著，表现为曲线比较平滑对文冠果籽粕的水解度影响较小，这与回归方程的方差分析结果一致。

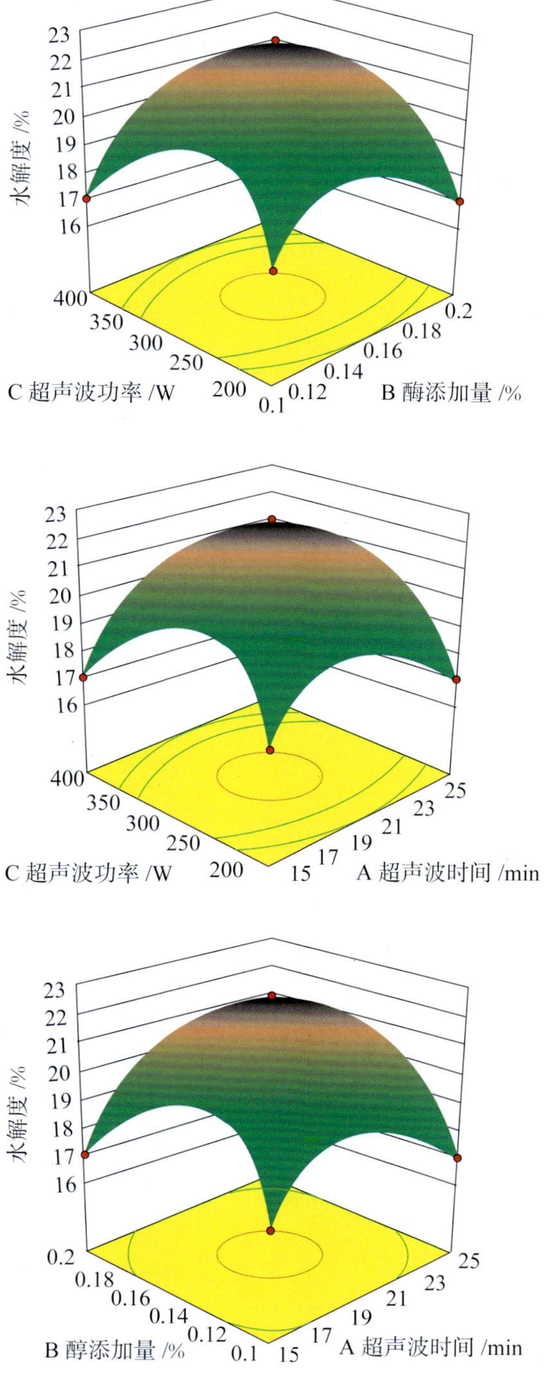

图 8-16　因素的交互作用对文冠果籽粕酶解液水解度的影响

3. 最佳酶解条件及验证试验

模型预测得到最佳酶解条件为超声时间 18.99 min，酶添加量 0.14%，超声功率 309.09 W，此时的水解度为 22.30%。考虑到实际可操作性，将最佳酶解条件调整为超声时间 20 min、酶添加量 0.15%、超声功率 300 W。在此条件下，经 3 次验证试验，实际得到水解度为 22.57%，与理论值相接近，表明采用响应面分析法得到的优化条件是可靠的。

表 8-7　两种酶解方法比较

方法	料液比 /（g/mL）	酶解时间 /h	超声时间 /min	酶添加量 /%	超声功率 /W	水解度 /%
水酶法	1∶12	6	–	0.15	–	13.21
超声波辅助酶解法	1∶12	6	20	0.15	300	22.57

将酶解文冠果籽粕的水酶法与超声波辅助酶解法进行比较，结果见表 8-7。利用超声波辅助酶解法酶解的文冠果籽粕的水解度比水酶法增加了 9.36%。利用超声波辅助酶解蛋白质制备酶解液，可以大大提高酶解效率。

（三）文冠果籽粕酶解液抗氧化活性结果分析

1. 文冠果籽粕酶解液对羟基自由基的清除率

羟基自由基清除能力的测定曲线如图 8-17 所示。由图 8-17 可知，随着酶解液中酶解物质量浓度的升高，文冠果籽粕酶解液对羟基自由基清除率先升高后趋于平稳，但始终弱于同浓度下的 Vc。当文冠果籽粕酶解液质量浓度为 17.5 mg/mL 时，其对羟基自由基清除率为（65.35 ± 0.41）%，IC50 值为 6.39 mg/mL。虽与同质量浓度的 Vc 相比仍具有一定的差距，但也能表现出一定的羟基自由基清除能力。

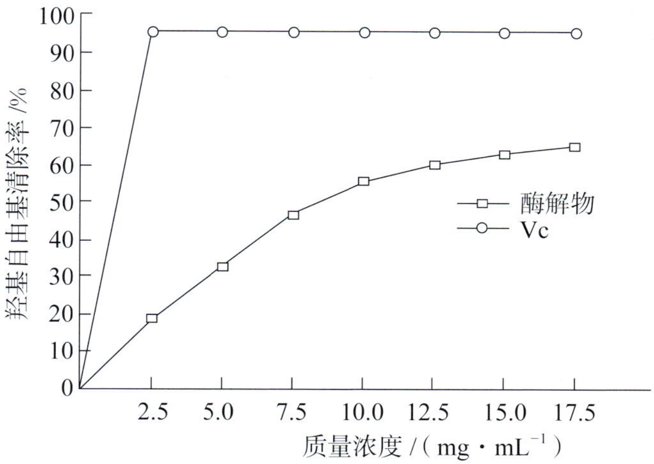

图 8-17　羟基自由基清除能力的测定

2. 文冠果籽粕酶解液对超氧阴离子自由基的清除率

超氧阴离子自由基清除能力的测定曲线如图 8-18 所示。由图 8-18 可知，文冠果籽粕酶解液具有清除超氧阴离子自由基的能力。在 2.5 ~ 17.5 mg/mL 的质量浓度范围内，清除率与酶解液浓度呈剂量依赖关

系，随着酶解物质量浓度的升高，对超氧阴离子自由基的清除率显著增强。当文冠果酶解液中酶解物的质量浓度为 17.5 mg/mL 时，对超氧阴离子自由基清除率为（90.90 ± 0.78）%，对超氧阴离子自由基的 IC50 值为 10.66 mg/mL，同浓度下 Vc 的清除率为（99.10 ± 0.25）%，在相同质量浓度下超氧阴离子自由基清除率与 Vc 的作用效果相当。说明文冠果酶解液中酶解物在一定浓度下有较强的超氧阴离子自由基清除能力。

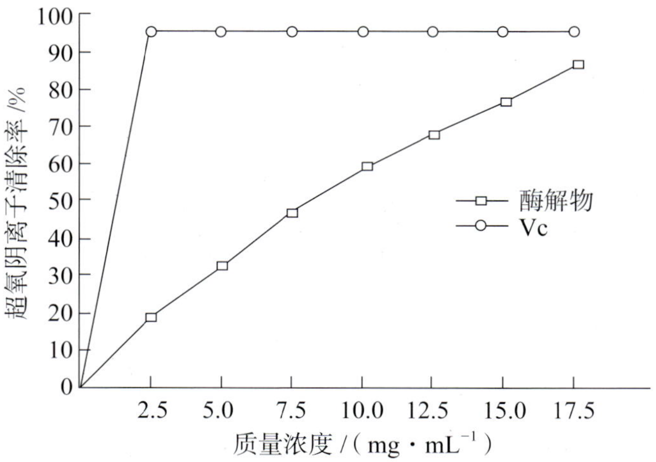

图 8-18　超氧阴离子自由基清除能力的测定

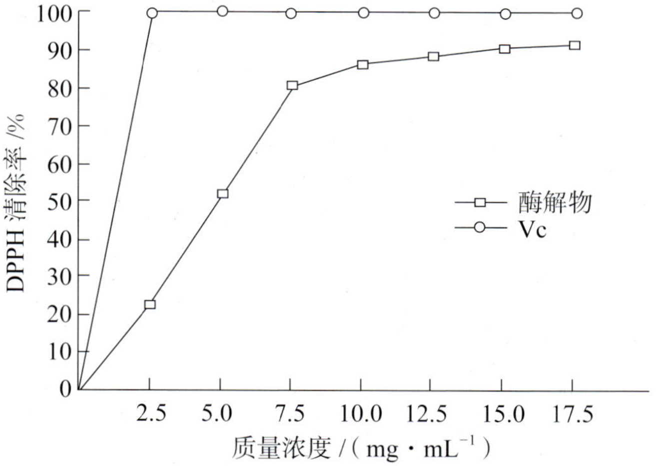

图 8-19　DPPH 自由基清除能力的测定

DPPH 自由基清除能力的测定曲线如图 8-19 所示。由图 8-19 可知，文冠果籽粕酶解液对 DPPH 自由基存在清除效果，文冠果籽粕酶解液的 DPPH 自由基清除能力随着浓度升高而增大。浓度在 2.5 ~ 7.5 mg/mL 时，增大趋势较为明显，在 7.5 ~ 17.5 mg/mL 时趋势趋于平缓，当文冠果酶解液中酶解物质量浓度为 17.5 mg/mL 时，对 DPPH 清除率为 (90.65 ± 0.53)%，IC50 值为 14.36 mg/mL，同种质量浓度下 Vc 的清除率为 (99.17 ± 0.97)%，与 Vc 的作用效果基本一致。说明文冠果酶解液中的酶解物具有较强的 DPPH 自由基清除作用。

3. 文冠果籽粕酶解液对 ABTS 自由基的清除率

由图 8-20 可知，Vc 对照组对 ABTS 的清除率较高，均达到了 95% 以上；文冠果籽粕酶解液对 ABTS 的清除率远低于 Vc。但随着文冠果酶解物质量浓度的增加，对 ABTS 自由基的清除率的增大趋势较为显著，表现出良好的剂量 - 效应关系。当文冠果籽粕酶解液浓度达到 17.5 mg/mL 时，对 ABTS 自由基清除率可达（86.90 ± 0.88）%，IC50 值为 5.21 mg/mL，与 Vc 的清除水平相当，说明文冠果籽粕酶解液也具有较强的 ABTS 清除能力。

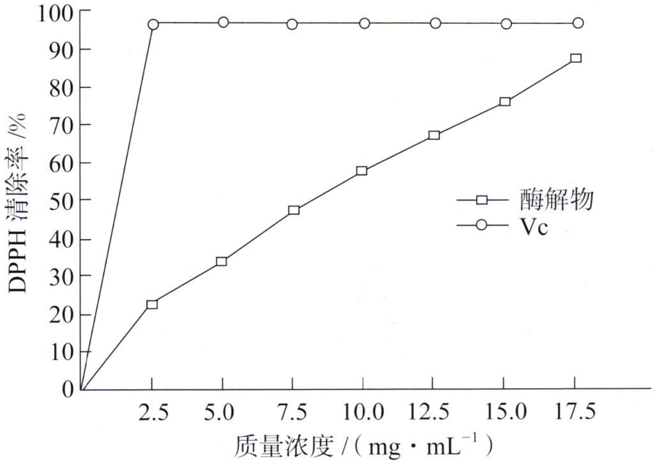

图 8-20　ABTS 自由基清除能力的测定

四、结论

以文冠果籽粕为原料，选用碱性蛋白酶，采用超声波辅助酶解技术制备文冠果籽粕酶解液。通过单因素试验以及三因素三水平的响应面试验，在料液比 1∶12、酶解时间 6 h、温度 37℃、酶解 pH8.5 的条件下，得到酶解液的最佳酶解条件：超声时间 20 min，酶添加量 0.15%，超声功率 300 W。在此条件下得到的水解度为 22.57%，与水酶法相比，增加了 9.36%。通过响应面试验的方差分析得出，超声功率是影响文冠果籽粕酶解工艺的主要因素，然后依次是酶添加量和超声波时间。

自由基清除试验表明，文冠果酶解液中酶解物对羟基自由基、超氧阴离子自由基、ABTS 自由基、DPPH 自由基均有很好的清除能力，且清除能力随酶解物的质量浓度的增大而增大，酶解液在四种体系中的 IC50 值分别是 6.39、10.66、14.36、5.21 mg/mL，说明文冠果酶解液中酶解物的抗氧化活性较明显。试验结果为文冠果副产物的再利用提供理论基础，为文冠果产品的精细加工、合理开发提供理论依据。

第5节 文冠果多肽口服液的研制及抗氧化活性研究

一、原料

文冠果籽粕、Arazyme 高效蛋白酶（5 000 U/g）、无水柠檬酸、木糖醇精纯、海藻糖、*β*- 环状糊精、Tris-HCl 缓冲液、邻苯三酚、二硫苏糖醇（DTT）活力为 99.0%、2，2- 联氮 - 二（3- 乙基 - 苯并噻唑 -6- 磺酸）二铵盐（ABTS）、1，1- 二苯基 -2- 三硝基苯肼（DPPH）、过硫酸钾、牛血清蛋白、七水合硫酸亚铁、邻二氮菲、正己烷等。以上试剂均为分析纯。

二、试验方法

（一）文冠果多肽口服液制作工艺流程

首先进行原材料预处理，将文冠果籽粕脱脂、超微粉碎成文冠果籽粕粉，随后超声波辅助酶解，抽滤后得到文冠果多肽液，再经过调配、灭菌，得到文冠果多肽口服液。

（二）工艺操作要点

1. 原材料预处理

按照文冠果籽粕与正己烷 1∶3（g/mL）的比例进行脱脂处理，于恒温振荡器中振荡 24 h，放入干燥箱中干燥温度 70℃，连续烘干 2.5 h，然后进行粉碎，过 200 目筛备用。将木糖醇、海藻糖、无水柠檬酸等用高速粉碎机粉碎，分别过 200 目筛备用。

2. 酶解

称取文冠果籽粕粉加水 1 200 mL，利用超声清洗仪（超声波功率 300 W、温度 37℃、超声时间 20 min），选用 Arazyme 高效蛋白酶，在料液比为 1∶12、酶添加量 0.15%、酶解温度 37℃、pH8.5 的条件下酶解 6 h，得到酶解液。

3. 抽滤

将酶解液在 80℃水浴中加热 15 min 进行灭酶，再进行真空抽滤，得到多肽液，测定多肽含量。

4. 调配

将得到的多肽液分成等量若干份，与制备的木糖醇、海藻糖、无水柠檬酸、β- 环状糊精进行调配后灭菌，并配以感官评价作为指标。

（三）文冠果口服液单因素试验设计

以糖添加量 8%、木糖醇与海藻糖的质量比 6∶2，无水柠檬酸添加量 0.6%、β- 环状糊精添加量 1.2% 共 4 个固定值进行单因素试验，研究木糖醇与海藻糖质量比（8∶0.7、1.6∶2.5、3.4∶4）、无水柠檬酸添加量（0.2%、0.4%、0.6%、0.8%、1.0%）、β- 环状糊精添加量（0.8%、1.0%、1.2%、1.4%、1.6%）对文冠果多肽口服液感官品质的影响，确定最适宜的添加量。

（四）文冠果多肽口服液的正交试验设计

在单因素试验的基础上，通过正交试验优化文冠果多肽口服液的工艺条件，选取木糖醇和海藻糖的质量比、无水柠檬酸添加量、β- 环状糊精添加量这 3 个因素，设计 L9（33）正交试验，以感官评价表为评分标准，确定文冠果多肽口服液的最优配方组合。正交试验因素和水平设计见表 8-8。

表 8-8　文冠果多肽口服液正交试验因素和水平因素

水平	因素		
	A 木糖醇∶海藻糖	B 无水柠檬酸添加量 /%	C β- 环状糊精添加量 /%
1	7∶1	0.4	1.0
2	6∶2	0.6	1.2
3	5∶3	0.8	1.4

三、结果与讨论

（一）单因素试验结果及分析

1. 木糖醇和海藻糖质量比对文冠果多肽口服液感官品质的影响

木糖醇和海藻糖比例对多肽口服液感官品质的影响如图 8–21 所示。由图 8–21 可知，随着海藻糖添加量的增大，感官评分呈先升高后降低的趋势。当海藻糖占比相对较少时，木糖醇含量高，口感甜腻，接受度低。当海藻糖占比相对较高时，由于海藻糖的甜度低于木糖醇的甜度，导致口服液的甜度低，口服液带有略微苦涩感。当木糖醇和海藻糖比例为 6∶2 时，文冠果多肽口服液感官评分最高，外观呈乳黄色，入口细腻，甜度适中。因此，木糖醇和海藻糖比例选择 6∶2。

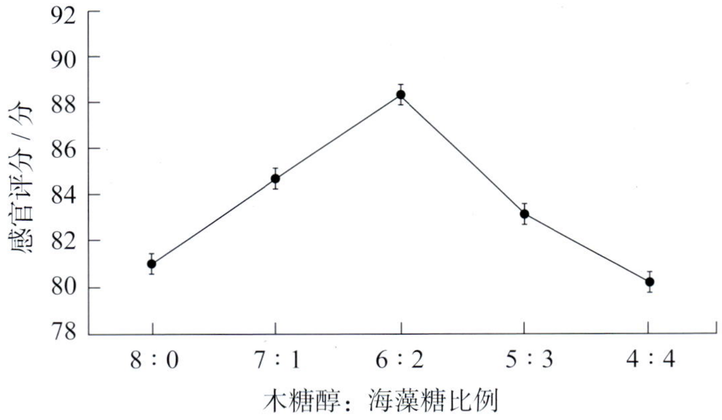

图 8–21　木糖醇和海藻糖比例对多肽口服液感官品质的影响

2. 无水柠檬酸添加量对文冠果多肽口服液感官品质的影响

无水柠檬酸添加量对多肽口服液感官品质的影响如图 8–22 所示。由图 8–22 可知，随着无水柠檬酸添加量的增加，口服液感官评分呈先升后降的趋势。无水柠檬酸添加量低于 0.6% 时，文冠果多肽口服液的苦涩味更强烈，味道较差，口感不易被人接受。无水柠檬酸添加量过多时，口服液口感酸苦，口感失调。无水柠檬酸添加量为 0.6% 时，多肽口服液既不会有浓重的苦涩味，也不会造成口服液口感的失调，感官评分最高。因此，无水柠檬酸添加量选择 0.6%。

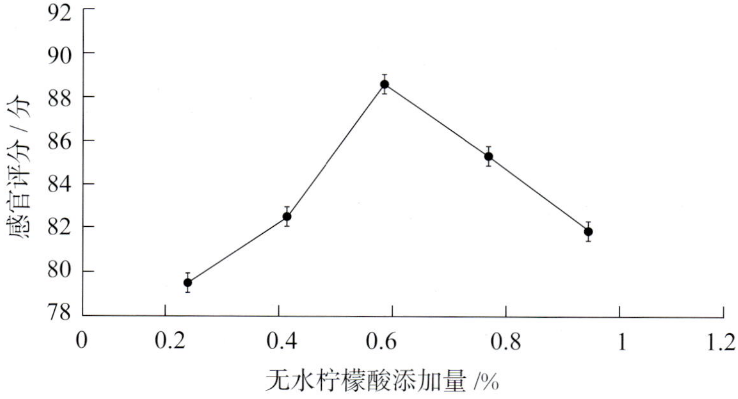

图 8-22　无水柠檬酸添加量对多肽口服液感官品质的影响

3. β- 环状糊精添加量对文冠果多肽口服液感官品质的影响

β- 环状糊精添加量对文冠果多肽口服液感官品质的影响如图 8-23 所示。由图 8-23 可知，随着 β- 环状糊精的添加量逐渐增加，感官评分呈现先升后降的趋势。基于植物蛋白在酶解过程中苦味产生的原理及已有对植物多肽脱苦方法研究，故选择 β- 环状糊精包埋法。当 β- 环状糊精添加量过少时，由于 β- 环状糊精分子结构中的疏水性空腔未能与呈味物质

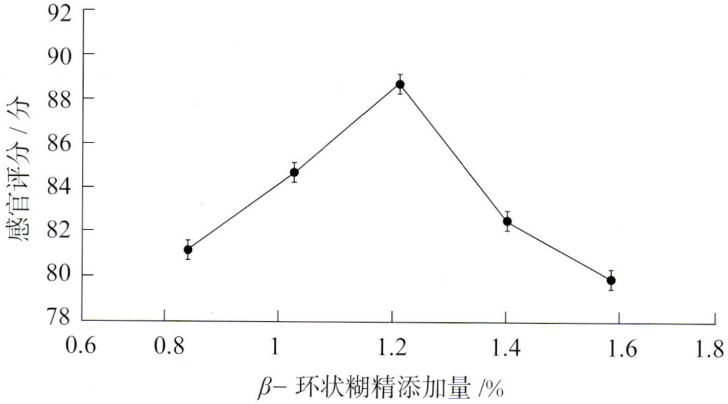

图 8-23　β- 环状糊精添加量对多肽口服液感官品质的影响

形成稳定的包埋物，不能完全地掩盖文冠果多肽的苦味，口服液的苦涩感较重。β- 环状糊精添加量过多时，口服液质地浓稠，产生异味。β- 环状糊精添加量为 1.2% 时，口服液质地均匀，酸甜适中，感官评分最高。因此，β- 环状糊精添加量选择 1.2%。

（二）文冠果多肽口服液正交试验结果与分析

文冠果多肽口服液正交试验结果见表 8-9。

表 8-9　正交试验结果

试验号	A 木糖醇：海藻糖	B 无水柠檬酸添加量 /%	C β- 环状糊精添加量 /%	感官评分
1	1（7：1）	1（0.4）	1（1.0）	76.5
2	1	2（0.6）	2（1.2）	88.7
3	1	3（0.8）	3（1.4）	88.9
4	2（6：2）	1	2	89.1
5	2	2	3	90.6
6	2	3	1	83.5
7	3（5：3）	1	3	78.9
8	3	2	1	83.4
9	3	3	2	80.2
k_1	82.80	81.50	81.13	
k_2	87.73	87.57	86.00	
k_3	80.83	82.30	84.23	
R	6.900	6.067	4.867	

由表 8-9 可知，各因素对文冠果多肽口服液的影响大小为木糖醇和海藻糖比例（A）> 无水柠檬酸添加量（B）> β- 环状糊精添加量（C）。文冠果多肽口服液的最佳工艺条件是 A2B2C2，即木糖醇:海藻糖为 6：2，无水柠檬酸的添加量为 0.6%，β- 环状糊精的添加量为 1.2%。经验证试

验，配方 A2B2C2 调制的多肽口服液感官评分为 92.6，高于其他试验组，此配方下的多肽口服液外观呈乳黄色，入口细腻，有文冠果特殊气味，酸甜适中。

（三）文冠果多肽口服液多肽含量的测定

由标准回归方程计算得出口服液中的多肽浓度为 1.01 mg/mL。

（四）文冠果多肽口服液的抗氧化活性

从表 8-10 可以看出，文冠果多肽口服液具有一定的抗氧化活性，其对羟基离子自由基、超氧阴离子自由基、DPPH 自由基和 ABTS 自由基清除能力分别达到（60.02 ± 0.26）%、（68.24 ± 0.44）%、（89.45 ± 0.52）% 和（65.26 ± 0.29）%。

表 8-10 文冠果多肽口服液对不同自由基的清除率

样品	清除率 /%			
	羟基自由基	超氧阴离子自由基	DPPH 自由基	ABTS 自由基
文冠果多肽口服液	60.02 ± 0.26	68.24 ± 0.44	89.45 ± 0.52	65.26 ± 0.29
维生素 C	96.02 ± 0.33	95.24 ± 0.21	98.4 ± 0.56	93.16 ± 0.47

四、结论

以文冠果籽粕为原料，通过酶解得到多肽液，并配以木糖醇、海藻糖、无水柠檬酸、β- 环状糊精复配研制文冠果多肽口服液，以感官评分为指标，在单因素试验的基础上进行正交试验，研究了木糖醇和海藻糖质量比、无水柠檬酸添加量、β- 环状糊精添加量对多肽口服液的感官品质影响，并对其抗氧化活性进行分析，得到多肽口服液的最佳配方为：文冠果多肽液 100 mL、木糖醇与海藻糖质量比 6 : 2（总量 8%）、无水柠檬酸添加量 0.6%、β- 环状糊精添加量 1.2%。最佳配方下的多肽口服液色泽乳黄，入口细腻，酸甜适中，有文冠果特殊风味，呈现出一定的鲜味，这可能是与文冠果特有的呈味肽的形成有关，同时苦涩味降低，这是由于 β- 环状糊精分子结构中的疏水性空腔与呈味物质形成了稳定的包埋物，掩盖了一定的风味，多肽含量为 1.01 mg/mL，对羟基离子自由基、超氧阴离子自由基、DPPH 自由基和 ABTS 自由基清除能力分别达到（60.02 ± 0.26）%、（68.24 ± 0.44）%、（89.45 ± 0.52）% 和（65.26 ± 0.29）%，具有一定的抗氧化活性。该多肽口服液工艺可行，抗氧化效果好，促进了文冠果的多元化发展利用。

参考文献

敖妍．文冠果栽培实用技术［M］．北京：中国林业出版社，2021.

白光远．文冠果繁殖及丰产栽培管理技术［J］．林业勘查设计，2023，52（6）：14-17.

白建功．大同地区文冠果栽培技术探讨［J］．山西林业，2023（S1）：56-57.

陈红梅．文冠果经济价值与栽培技术探讨［J］．农业技术与装备，2021（4）：140-141.

陈建文．北方地区文冠果丰产栽培技术［J］．安徽农学通报，2021，27（24）：71-72.

陈淼．文冠果组织培养再生体系的建立［D］．呼和浩特：内蒙古大学，2014.

陈鸥，董凤亮，马海渊，等．文冠果油的萃取及理化性质和脂肪酸组成分析［J］．北京农学院学报，2013，28（1）：78-80.

陈燕勤，王雪莉，宋世方，等．磷酸活化文冠果果壳生物炭及其对亚甲基蓝的吸附性能［J］．食品与机械，2023，39（5）：1-8.

陈有婷．甘肃省文冠果优质丰产栽培技术［J］．南方农业，2023，17（10）：7-9.

触景月．文冠果主要病害及防治方法［J］．辽宁林业科技，2015（4）：66-67.

方生．甘肃张掖地区文冠果繁育及栽培技术［J］．现代园艺，2023，46（18）：46-48

方志军，刘克林，刘春和，等．文冠果组织培养技术初步研究［J］．绿化与生活，2015（2）：14–15.

甘钰年．文冠果栽培与病虫害防治技术分析［J］．绿色科技，2019（17）：140–141.

高俊仙．山西省文冠果选育及栽培技术［J］．山西林业科技，2023，52（1）：41–42.

葛朝红，雷晓鹏，闵卓，等．文冠果无性繁殖技术［J］．现代农村科技，2022（12）：40.

葛朝红，李梦喆，张洪伟，等．文冠果种质资源种仁主要营养成分检测及相关分析［J］．特产研究，2023，45（3）：30–37.

郭彩霞．文冠果苗期优化施肥对苗木生长的影响［J］．绿色科技，2023，25（17）：99–102.

韩晓雨，李守科，嵇涛，等．盆栽文冠果管理技术［J］．果树资源学报，2023，4（6）：51–54.

韩櫂濂．文冠果果仁蛋白质提取方法优化及其物理性质研究［D］．长春：吉林农业大学，2023.

胡杨．文冠果营养及活性成分的研究［D］．呼和浩特：内蒙古农业大学，2020.

黄锦志．辽西文冠果丰产栽培配套技术研究［J］．中国林副特产，2023（4）：34–35.

黄卫丽，刘平生，赵颖．文冠果组培中抑制嫩茎褐化措施的研究［J］．内蒙古林业科技，2019，45（4）：53–55.

黄卫丽，张文军，张海东，等．文冠果组织培养快繁体系的构建［J］．北方农业学报，2022，50（4）：102–108.

姬媛媛．文冠果的组织培养技术研究［D］．呼和浩特：内蒙古农业大学，2021.

纪楠楠，晁龙军，王蒙蒙，等．文冠果工厂化育苗组织培养技术体系建立［J］．分子植物育种，2020，18（8）：2671–2677.

姜鑫，房安石，赵振，等．不同产地文冠果叶片黄酮类成分差异［J］．经济林研究，2023，41（1）：292–300.

孔维宝，梁俊玉，马正学，等．文冠果油的研究进展［J］．中国油脂，2011，36（11）：67–72.

李朝晖，史绍林，王全玉，等．文冠果组培苗生根与移栽试验［J］．防护林科技，2011，24（6）：36–37.

李国双．文冠果的病虫害防治技术［J］．绿色科技，2018（23）：88–89.

李国英．文冠果生长习性及丰产栽培技术［J］．安徽农学通报，2020，26（13）：57.

李金霞，郭小军，李娜．文冠果嫩枝扦插繁育技术研究［J］．黑龙江农业科学，2020（10）：80–83.

李青，杨清波．文冠果的发展与应用前景［J］．现代园艺，2016（13）：42–43.

李庆新．内蒙古文冠果栽培管理技术［J］．农业工程技术，2018，38（23）：64.

李嵘．文冠果茎段组织培养技术研究［D］．呼和浩特：内蒙古农业大学，2015.

李守科．“东方菩提”带出美好产业［J］．走向世界，2021（31）：83–85.

李显玉，乌志颜，李宁，等．文冠果综合研究进展报告［M］．呼和浩特：内蒙古科学技术出版社，2023.

李永德，罗广军．浅析文冠果的经济价值及效益［J］．现代园艺，2022，45（1）：48–49.

李沅楷．文冠果育苗移栽与盐胁迫、节水抗旱措施对苗木生长的影响［D］．阿拉尔：塔里木大学，2023.

刘丽华．文冠果丰产栽培技术［J］．新农业，2021（7）：21–22.

刘晓荣．北方地区文冠果发展问题及栽培技术［J］．现代园艺，2022，

45（1）：63-64.

刘鑫．文冠果栽培与病虫害防治技术［J］．特种经济动植物，2022，25（7）：119-122.

柳金凤，吴建华，闵丽霞．文冠果组培快繁技术研究［J］．江苏农业科学，2010（2）：52-54.

卢影影，金华，郭建磊，等．文冠果组培快繁体系的建立［J］．天津农业科学，2018，24（1）：1-3.

陆泓茜，于忠亮，付世萃，等．不同种源文冠果种子萌发及苗期生长差异研究［J］．吉林林业科技，2023，52（6）：10-13.

路昌，王磊，于梅．文冠果油脂加工工艺研究进展［J］．中国果菜，2023，43（9）：3-10.

马学韬，朱菲，张东旭，等．基于花果和产量性状的赤峰市文冠果优良类型筛选［J］．西北林学院学报，2023，38（5）：110-116.

马养民，张航涛，郭俊荣．文冠果种子油理化性质及脂肪酸组成［J］．食品研究与开发，2010，31（4）：100-102.

牛晓强．文冠果经济价值及育苗技术［J］．山西林业，2023（S1）：54-55.

齐国雨，杨爱梅，郑泽生，等．文冠果果壳提取物抗氧化活性和抑菌活性研究［J］．中医药学报，2019，47（1）：58-60.

齐国雨．文冠果果壳化学成分与生物活性的研究［D］．兰州：兰州理工大学，2018.

齐鑫淼，李晓宇，丁蕾，等．文冠果研究进展［J］．内蒙古林业科技，2013，39（4）：37-38.

秦敏，宗殿龙，时丕坤．文冠果栽培技术［J］．河北果树，2016（6）：37.

邱悦．文冠果叶总皂苷的提取纯化及其生理活性研究［D］．长春：吉林农业大学，2020.

任余艳，刘朝霞，严喜斌，等．文冠果丰产栽培技术及开发利用前景

[J]. 耕作与栽培, 2020, 40(1): 32-35.

阮成江, 杨长文, 冉秦, 等. 文冠果丰产栽培管理技术[M]. 银川: 阳光出版社, 2022.

萨人. 文冠果的组织培养技术研究[J]. 内蒙古农业科技, 2015, 43(3): 32-33.

石晓刚. 文冠果种植技术及病虫害防治策略[J]. 种子科技, 2022, 40(18): 34-36.

宋健平, 郭欣奕, 刘欣雨, 等. 超声波辅助酶解法提取文冠果籽粕蛋白工艺优化及抗氧化活性研究[J]. 中国果菜, 2023, 43(9): 11-17.

宋健平, 王雨萌, 任婷, 等. 文冠果多肽口服液的研制及抗氧化活性研究[J]. 中国果菜, 2023, 43(9): 18-22.

宋群雁, 殷奎德, 刘希全, 等. 文冠果无性繁殖技术的研究进展[J]. 黑龙江八一农垦大学学报, 2011, 23(6): 8-11.

孙录, 胡文忠, 刘程惠, 等. 文冠果主要功效成分研究进展[J]. 食品工业科技, 2016, 37(8): 396-399.

孙晓君, 赵玉杰, 周作山. 文冠果高产栽培技术[J]. 农村百事通, 2018(14): 32-34.

孙晓君, 赵玉杰, 周作山. 文冠果及其高产栽培技术[J]. 现代园艺, 2018(7): 59-60.

万国盛, 任宇豪, 高慧媛, 等. 文冠果果壳化学成分的分离与鉴定[J]. 沈阳药科大学学报, 2015, 32(1): 18-21.

王慧琳. 不同温度、枝段部位对文冠果愈伤组织形成的效果影响[J]. 防护林科技, 2019(7): 48-49.

王慧琳. 文冠果扦插繁殖方法研究[J]. 绿色科技, 2018(15): 139-140.

王媚, 赵慧, 王淼, 等. 文冠果活性成分与药理作用的研究进展[J]. 园艺与种苗, 2023, 43(9): 39-41.

王宁, 孙增富, 亓翠英. 文冠果应用价值及栽培管理技术[J]. 农业与技术，2021，41（22）：74−76.

王斯彤．文冠果组织培养无菌体系的建立［J］．辽宁林业科技，2020（2）：44−46.

王涛，敖妍，牟洪香．中国能源植物文冠果的研究［M］．北京：中国科学技术出版社，2012.

王文君，任媛媛，侯志华．木本油料植物研究进展［M］．郑州：黄河水利出版社，2020.

王延娜．文冠果栽培技术［J］．现代农业科技，2016（23）：80.

王一．文冠果组织培养技术研究［D］．呼和浩特：内蒙古农业大学，2012.

王颖，姜生，孟大利，等．文冠果的化学成分与生物活性研究进展［J］．现代药物与临床，2011，26（4）：269−273.

王志玲，张家兴，王晓瞳，等．文冠果果壳提取物对植物病原菌的抑菌活性［J］．山西农业大学学报（自然科学版），2020，40（1）：51−58.

王忠芹．文冠果的栽植技术与病虫害的防治［J］．农民致富之友，2018（22）：79.

乌志颜，李守科，周扬颜．中国文冠果古树［M］．北京：北京林业出版社，2022.

吴桂玲，李长生．文冠果丰产栽培技术［J］．农村科技，2023（3）：51−54.

吴桂玲，李长生．文冠果快速育苗技术［J］．农村科技，2023（2）：65−68.

吴丽清，郑战伟，付凤奇，等．文冠果营养成分分析及食用价值研究［J］．农产品加工（学刊），2010（11）：93−95.

徐东翔，于华忠，乌志颜，等．文冠果生物学［M］．北京：科学出版社，2010.

许佳敏，佟祎鑫，王菊花，等．文冠果油的营养成分及功能活性研究进展［J］．中国油脂，2022，47（10）：77−82.

究攀，陈奇凌，姜继元，等 . 57 个文冠果种源在新疆的引种栽培表现［J］. 西部林业科学，2023，52（3）：78-84.

杨春艳，杨军丽，哈伟，等 . 文冠果果壳化学成分与生物活性研究进展［J］. 中草药，2016，47（8）：1418-1424.

杨文辉 . 文冠果栽培与病虫害防治技术分析［J］. 基层农技推广，2021（1）：99-101.

杨绪强，解小锋，孟晓晔，等 . 文冠果油与常见食用油营养成分及脂肪酸组成分析比较［J］. 山东林业科技，2022，52（2）：42-46.

杨越 . 文冠果组织培养技术的研究进展［J］. 辽宁林业科技，2018（5）：53-57.

尹万元，李守科，田金龙，等 . 嫁接时间和处理方式对文冠果嵌芽接成活率的影响［J］. 山东林业科技，2019，49（3）：34-37.

于丹 . 文冠果组培不同外植体选材对比分析［J］. 中国林业产业，2021（11）：39-40.

于梅 . 浑身是宝：文冠果［J］. 生命世界，2023（10）：28-33.

于硕，罗广军 . 文冠果的主要虫害及防治方法［J］. 现代园艺，2020，43（15）：106-107.

苑福林 . 文冠果扦插和组织培养技术研究［D］. 泰安：山东农业大学，2020.

张海燕 . 文冠果繁殖技术研究进展［J］. 中国野生植物资源，2022，41（7）：51-54.

张寄英 . 文冠果扦插技术与生根过程研究［J］. 园艺与种苗，2022，42（7）：4-6.

张育松，郭素枝，韦勤，等 . 文冠果叶茶制作工艺及保健功效［J］. 福建茶叶，2016，38（3）：26.

赵长民，苑克俊，侯玮青译 . 图说果树整形修剪与栽培管理［M］. 北京：机械工业出版社，2017.

赵芳，李桂华，刘振涛，等 . 文冠果油理化特性及组成分析研究［J］.

河南工业大学学报（自然科学版），2011，32（6）：45-49.

赵丽芹．园艺产品贮藏加工学［M］. 北京：中国轻工业出版社，2007.

赵祥树，李守科，朱亮庆，等．山东地区文冠果高产栽培技术［J］. 安徽农学通报，2019，25（18）：58-59.

赵祥树，李守科，朱亮庆，等．潍坊地区文冠果有害生物初步调查及防治措施［J］. 现代农村科技，2019（9）：25-26.

赵祥树，李守科，朱亮庆，等．一种特有植物：文冠果［J］. 果树资源学报，2020，1（1）：89-90.

赵晓姝．文冠果栽培技术与病虫害防治探究［J］. 种子科技，2019，37（1）：64.

赵焱，翁慧．文冠果中多种活性成分的研究进展［J］. 黑龙江科技信息，2016（34）：248.

周庆源．既可做油又可做茶的真正“北方油茶”：文冠果［J］. 生命世界，2023（10）：1.

朱永志．文冠果丰产栽培技术［J］. 安徽农学通报，2019，25（6）：91.